全国技工院校计算机类专业教材

（中/高级技能层级）

HTML5+CSS3 网页设计与制作

人力资源社会保障部教材办公室　组织编写

中国劳动社会保障出版社

简介

本书主要内容包括使用 HTML5+CSS3 制作响应式网页、使用 Bootstrap 开源框架快速搭建响应式网页。

本书由郭煜主编，谢冠怀、林晓仪、王宁任副主编，钟爱青、林炯龙、陈俊锦、以彦文、陈利华、胡渠路参加编写。

图书在版编目（CIP）数据

HTML5+CSS3 网页设计与制作 / 人力资源社会保障部教材办公室组织编写. -- 北京：中国劳动社会保障出版社，2021

全国技工院校计算机类专业教材. 中、高级技能层级

ISBN 978-7-5167-3404-9

Ⅰ. ①H… Ⅱ. ①人… Ⅲ. ①超文本标记语言－程序设计－技工学校－教材②网页制作工具－技工学校－教材 Ⅳ. ①TP312.8②TP393.092.2

中国版本图书馆 CIP 数据核字（2021）第 151364 号

中国劳动社会保障出版社出版发行

（北京市惠新东街 1 号　邮政编码：100029）

*

北京市白帆印务有限公司印刷装订　　新华书店经销

787 毫米 ×1092 毫米　16 开本　18.75 印张　356 千字

2021 年 9 月第 1 版　　2023 年 12 月第 7 次印刷

定价：47.00 元

营销中心电话：400-606-6496

出版社网址：http://www.class.com.cn

http://jg.class.com.cn

前　言

为了更好地满足技工院校计算机类专业的教学要求，适应计算机行业的发展现状，全面提升教学质量，人力资源社会保障部教材办公室组织全国有关学校的一线教师和行业、企业专家，充分调研企业用人需求和学校教学情况，吸收借鉴各地技工院校教学改革的成功经验，根据人力资源社会保障部颁发的《技工院校计算机类通用专业课教学大纲（2015）》《技工院校计算机应用与维修专业教学计划和教学大纲（2015）》《技工院校计算机网络应用专业教学计划和教学大纲（2015）》对相关教材进行了修订（新编）。本次修订（新编）的教材包括：《电工与电子技术基础（第三版）》《键盘操作与五笔字型（第二版）》《计算机应用基础（第二版）》《常用办公软件（第三版）》《计算机组装与维护（第二版）》《Dreamweaver 网页设计与制作（第二版）》《Photoshop 平面设计与制作（第二版）》《Flash 动画设计与制作（第二版）》《计算机网络基础与应用（第二版）》《Internet 基础与应用（第三版）》《常用工具软件（第三版）》《微型计算机外围设备（第四版）》《制图与机械常识（第三版）》《HTML5+CSS3 网页设计与制作》等。

本次教材修订（新编）工作的重点主要有以下几个方面。

第一，坚持以能力为本位，突出职业教育特色。

根据计算机类专业毕业生所从事职业的实际需要，合理确定学生应具备的知识结构与能力结构，对教材内容的深度、难度做了调整。同时，进一步加强实践性应用环节，突出职业教育特色，以满足社会对技能型人才的需要。

第二，兼顾技术发展与教学条件，突出计算机综合应用能力培养。

针对计算机软、硬件更新迅速的特点，在教学内容选取上，既注重体现新软件、新知识，又兼顾技工院校教学实际条件。在教学内容组织上，不仅仅局限于某一计算机软件版本的具体功能，而是更注重计算机使用能力的拓展，使学生能够触类旁通，提升计算机使用的综合能力，为后续专业课程的学习打下良好的基础。

第三，创新教材编写模式，注重实践能力培养。

根据技工院校学生认知规律，创新教材编写模式，以完成具体工作过程为主线组织教材内容，将理论知识的讲解与具体的任务载体有机结合，激发学生学习兴趣，提高学生实践能力。

第四，丰富教材表现形式，提高教材可读性。

在表现形式上，通过丰富的操作图片和软件截图详尽地指导任务操作步骤和软件使用方法，使教材内容更加直观、形象。结合计算机类专业教材的特点，多数教材采用四色印刷，图文并茂，增强了教材内容的表现效果，提高了教材的可读性。

第五，开发多种教学资源，提供优质教学服务。

在教学服务方面，为方便教师教学和学生学习，配套提供了制作素材、电子课件、教案示例等教学资源，可通过中国技工教育网（http://jg.class.com.cn）下载使用。除此之外，在部分教材中还借助二维码技术，针对教材中的重点、难点内容，开发制作了操作演示微视频，可使用移动设备扫描书中二维码在线观看。

本次教材的修订（新编）工作得到了河北、黑龙江、江苏、河南、广东、重庆等省（直辖市）人力资源社会保障厅（局）及有关学校的大力支持，在此我们表示诚挚的谢意。

人力资源社会保障部教材办公室

2021 年 1 月

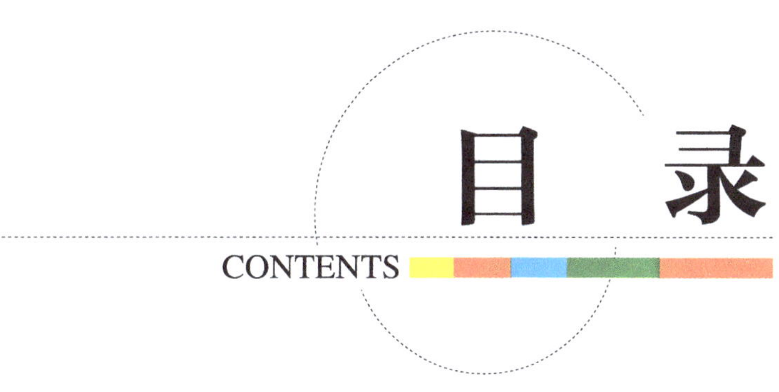

目录

CONTENTS

项目一 使用 HTML5+CSS3 制作响应式网页

项目目标

本项目将通过制作一个网页广告单页，即制作一个 HTML 页面来讲解 HTML 知识，完成网页开发环境、HTML 基础知识、CSS3 叠层样式和响应式布局的学习。

项目情境

D 清单是某公司推出的一款跨平台同步的待办事项和任务提醒软件，旨在协助用户完成待办事务，如生日提醒、旅行安排、会议准备等，以便使其更好地规划时间和安排生活。

为了方便 D 清单应用的推广，该公司需要制作一个该应用产品的介绍网页（见图 1-0-1）。该页面主要用于手机端进行分享推广，也能够在计算机[①]端进行访问。

---

① 本书中提到的“计算机”一词，一般指采用 Windows 或 Linux 等桌面操作系统的台式计算机或笔记本计算机，不包括使用 iOS 或 Android 等移动操作系统的平板计算机（简称平板）。

你所在的科技公司已经拿到了设计稿，由于项目不大，项目主管希望担任前端工程师的你来完成本次项目的前端工作，并将成果交付给程序员，让其完成逻辑制作工作，最后交给客户发布。

● 图 1-0-1　D 清单推广页面（部分）

扫码查看完整页面

项目分析

拿到设计稿后，需要根据网页制作的一般流程完成网页的制作。

网页制作的一般流程如图 1-0-2 所示。

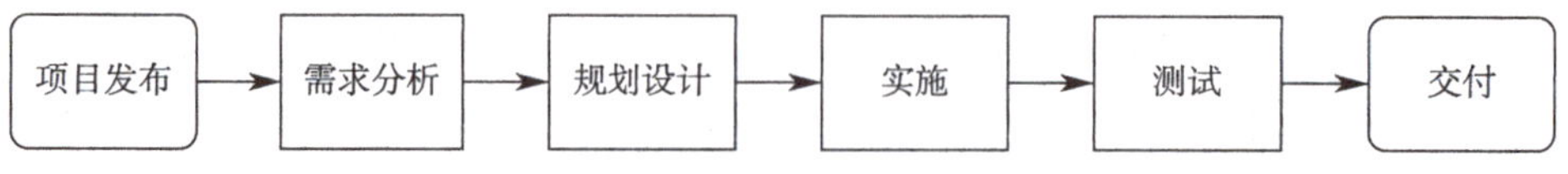

● 图 1-0-2　网页制作的一般流程

项目的目标：根据设计稿制作一个适合用手机浏览的网页单页，同时兼顾计算机端。

根据“移动优先”原则，制订项目完成的计划，制成甘特图，见表 1-0-1。

表 1-0-1　　D 清单前端开发甘特图

任务 \ 进度 \ 时间	时间段 1	时间段 2	时间段 3	时间段 4	时间段 5
分析规划	■				
实施		■	■	■	
第一阶段　内容制作		■			
第二阶段　格式制作			■		
第三阶段　响应式网页制作				■	
测试与交付					■

第一阶段
制作网页内容

任务 1 配置工作环境

任务目标

1. 了解网页开发工具的多样性。
2. 能够熟练安装、使用 Visual Studio Code 软件，为实际开发做准备。

任务描述

本次任务通过了解网页开发工具的多样性，学习 Visual Studio Code 软件的应用知识，下载、安装用于网页开发的 Visual Studio Code 软件，并熟练使用 Visual Studio Code 软件，为后续的开发做准备。

任务分析

在学习以下知识技能的基础上，完成**工作环境的配置和 Visual Studio Code 软件的基本操作练习**。

1. HTML5 基础知识和常用网页开发工具。
2. 开发工具（Visual Studio Code）的下载安装。
3. 开发工具（Visual Studio Code）的基本操作。

知识与技能准备

因特网上的信息是以网页的形式展示给用户的，因此网页是网络信息传递的载体。网页文件是用一种标记语言书写的，这种语言称为 HTML（hyper text markup language，超文本标记语言）。

1. 认识 HTML5

HTML 是一种描述语言，主要用于描述超文本中内容的显示方式。HTML 从诞生至今已有 30 多年，HTML5 标准是 2014 年制定完成的。

2. HTML5 网页的开发环境

产生 HTML 文件的方式有两种：一种是使用记事本手工编写 HTML 文件；另一种是使用 HTML 编辑器，它可以辅助使用者完成编写工作。

（1）使用记事本手工编写 HTML 文件

HTML 是一种标记语言，标记语言代码是以文本形式存在的，因此，可以使用 Windows 自带的记事本来编辑 HTML 文件。

【课堂练习 1-1-1　使用记事本编写 HTML5 文件】

1）打开记事本，输入如下 HTML 代码（注意代码格式缩进）：

```
<html>
    <head>
        <meta charset="utf-8">
        <title> 我的网页 </title>
    </head>
    <body>
        <p> 这是用记事本制作的第一个网页 </p>
    </body>
</html>
```

2）编辑完 HTML 文件后，选择【文件】→【保存】菜单命令或按 Ctrl+S 组合键，在弹出的【另存为】对话框中，选择【保存类型】为【所有文件】，然后将文件扩展名设为 .html 或 .htm。

3）单击【保存】按钮，保存文件。打开网页文档，在浏览器中查看效果，如图 1-1-1 所示。

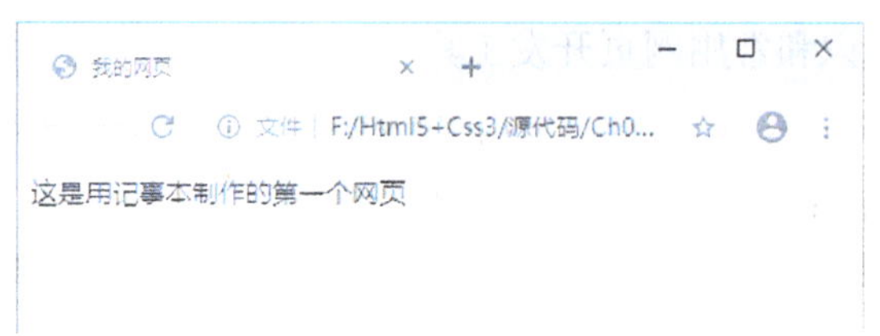

图 1–1–1　网页效果

（2）使用 Visual Studio Code 软件编写 HTML 文件

虽然使用记事本可以编写 HTML 文件，但是编写效率太低，对于语法错误和格式都没有提示。很多专门用于编写 HTML 网页的工具弥补了这种缺陷。

Visual Studio Code（简称 VS Code 或 VSC）是一款免费开源的现代化轻量级代码编辑器，支持几乎所有主流开发语言的语法高亮、智能代码补全、自定义热键、括号匹配、代码对比等特性，支持插件扩展，并针对网页开发和云端应用开发做了优化。该软件跨平台支持 Windows、macOS 以及 Linux 等操作系统，运行流畅。

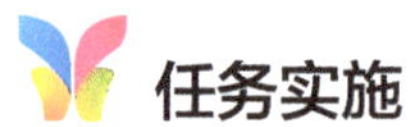

任务实施

1. Visual Studio Code 软件的下载和安装

Visual Studio Code 软件的下载和安装过程与一般应用软件相同，参照以往课程所学方法，正确获取 Visual Studio Code 软件的安装文件并进行安装。

2. Visual Studio Code 软件的使用

（1）软件界面认识

Visual Studio Code 软件界面如图 1–1–2 所示。顶部为菜单栏，包括文件、编辑、选择、查看、转到、运行、终端和帮助这些菜单。左侧是 5 个快捷按钮，第一个是【资源管理器】按钮，单击后能够快速浏览当前软件打开的文件、项目，其余 4 个分别是【搜索】【源代码管理】【运行】和【Extensions】按钮。底部为状态栏，显示打开的文件和项目的信息。中间区域为代码编辑区。

（2）软件简单设置

1）切换主题

选择菜单栏中的【帮助】→【欢迎使用】命令，在图 1–1–3 所示界面中单击【颜色主题】，然后根据自己的兴趣选择合适的主题。

2）控制字体大小

同时按住快捷键 Ctrl 与“+”可增大字体字号，同时按住快捷键 Ctrl 与“–”可减小字体字号。

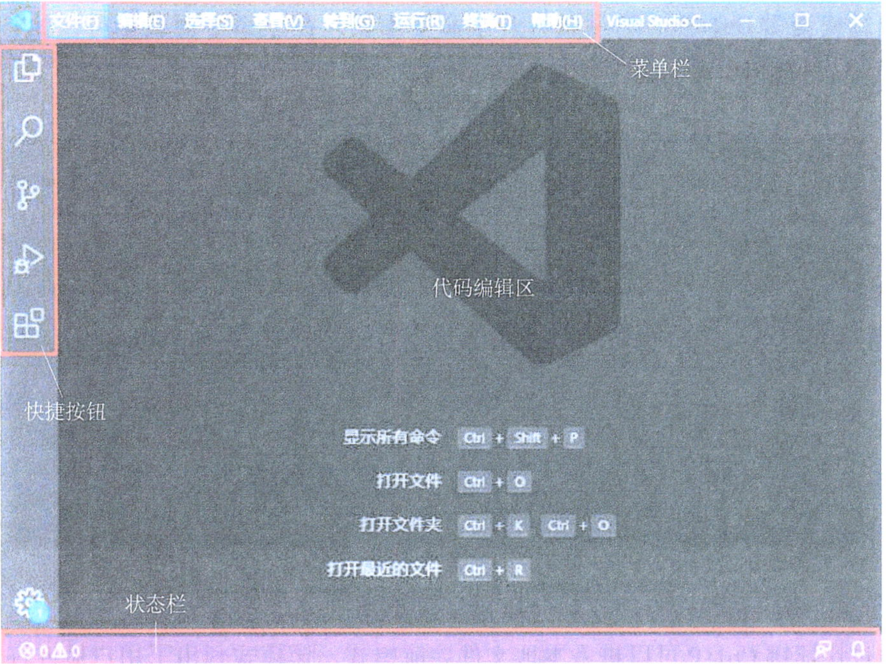

● 图 1–1–2 Visual Studio Code 软件界面

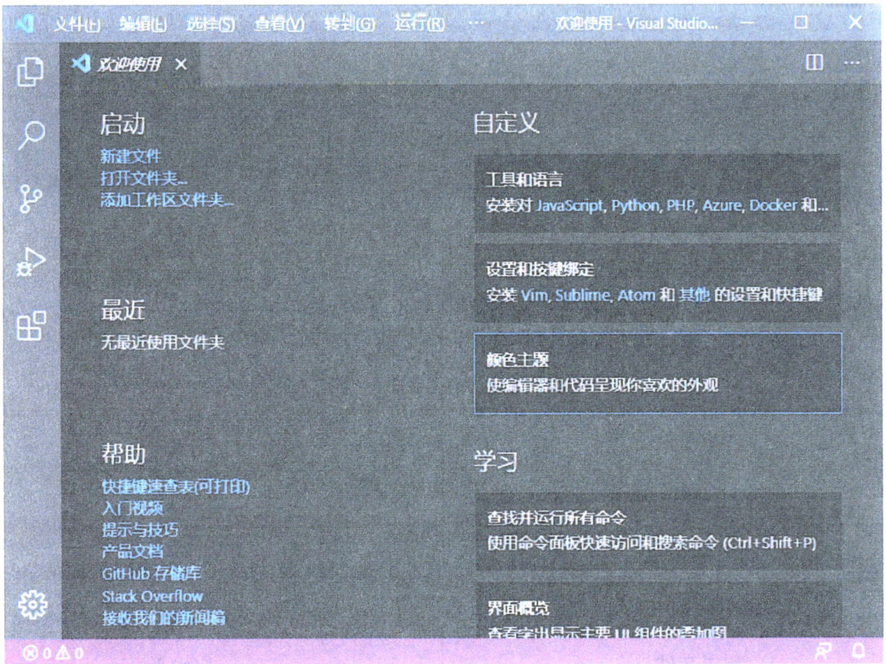

● 图 1–1–3 欢迎使用界面

（3）软件常用快捷键

通过快捷键 Ctrl+Shift+P 可以打开主命令面板，在主命令面板中可以执行 Visual Studio Code 的任何一条命令，如图 1-1-4 所示。

● 图 1-1-4　主命令面板

通过快捷键 Ctrl+P 可以进入本地文件导航模式，该模式列出了用户最近打开过的文件，还可以在输入框中输入想要打开的文件，如图 1-1-5 所示。

● 图 1-1-5　本地文件导航模式

其他常用的编辑器及窗口功能快捷键见表 1-1-1。

表 1-1-1　**编辑器及窗口常用快捷键**

功能	快捷键
显示 / 隐藏侧边栏	Ctrl+B
打开新窗口	Ctrl+Shift+N
关闭窗口	Ctrl+Shift+W
新建文件	Ctrl+N
打开文件	Ctrl+O

续表

功能	快捷键
在历史打开的文件之间切换	Ctrl+Tab
切出一个新的编辑界面	Ctrl+\
在各编辑界面之间切换	Ctrl+1、Ctrl+2、Ctrl+3
关闭编辑器	Ctrl+F4
查找	Ctrl+F
查找替换	Ctrl+H
整个文件夹搜索	Ctrl+Shift+F

（4）使用 Visual Studio Code 软件编写 HTML 文件

启动 Visual Studio Code，选择菜单栏中的【文件】→【新建】命令，再选择菜单栏中的【文件】→【保存】命令，将该文件保存为 HTML 类型的文件（注意：只有先保存文件类型为 HTML，Visual Studio Code 软件才能实现智能代码补全、括号匹配等功能），将课堂练习 1-1-1 的代码输入该文件中，如图 1-1-6 所示。

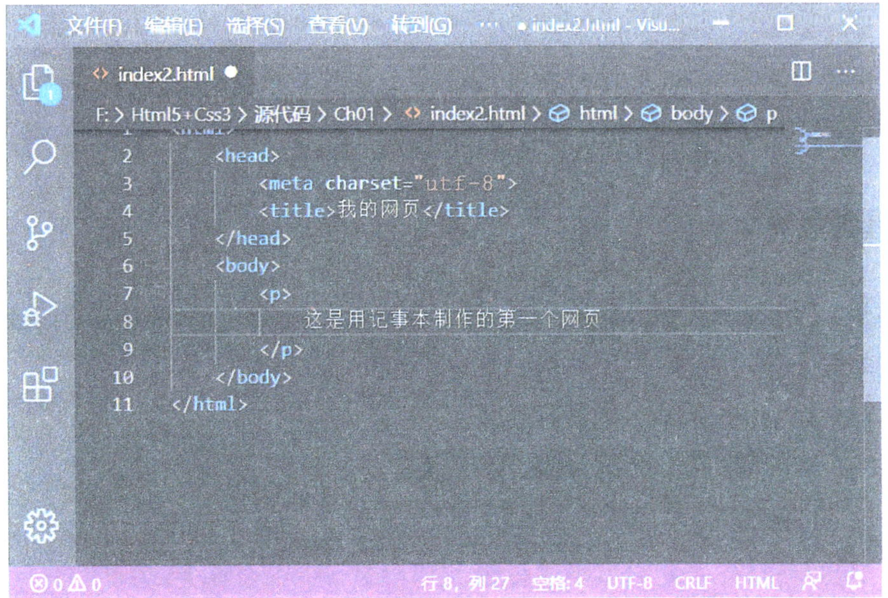

图 1-1-6　使用 Visual Studio Code 编写代码

完成后保存，使用浏览器查看效果，如图 1-1-1 所示。

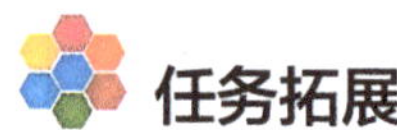

任务拓展

好的开发工具能让用户更好地完成开发工作，无论是前端还是后端，都需要用到编辑器，常见的 HTML5 编辑器有 Adobe Dreamweaver、Aptana Studio、HBuilder X、BlueGriffon、Sublime Text、Rendera 等。扫描右侧二维码了解它们的基本知识。

任务 2　编写网页内容的结构

任务目标

1. 能够分析网页布局图，运用网页结构标签完成页面结构代码的编写。

2. 能够根据移动设备与传统计算机（台式机和笔记本计算机）的区别，输入正确的移动设备结构标签。

任务描述

本次任务使用 Visual Studio Code 开发开具，完成 D 清单网页 HTML 结构标签和移动设备设置代码的编写。

任务分析

在学习以下知识技能的基础上，完成 D 清单网页 HTML 结构标签和移动设备设置代码的编写。

1. 网页的结构和 HTML5 的结构标签。
2. 网页效果图的分析和结构标签代码的编写。
3. 移动设备 HTML 结构标签的设置。

知识与技能准备

标准的 HTML 网页有一个固定的结构，也就是说必须具备一些固定的标签元素，如 DOCTYPE、html、head 和 body。这些固定的标签元素构成了一个 HTML 网页的结构骨架，缺一不可。

1. HTML5 文件的基本结构

在 HTML5 文档中，必须包含 <html></html> 标记，并且放在 HTML5 文档中的开始和结束位置，即每个文档以 <html> 开始，以 </html> 结束。<html></html> 之间通常包含两个部分，分别为 <head></head> 和 <body></body>。head 标记包含 HTML 头部信息，如文档标题、样式定义等，body 标记包含文档主体部分，即网页内容。其基本结构如下：

```
<!DOCTYPE html>
<html>
    <head>
        <meta charset="utf-8">
        <title>HTML5 基本结构 </title>
    </head>
    <!-- 这是一个空白页面，在浏览器中不会展现任何内容 -->
    <body>
    </body>
</html>
```

注意：HTML 标记不区分大小写。

从上面的代码中可以看出，一个基本的 HTML5 网页由以下几部分构成：

（1）<!DOCTYPE html> 声明

该声明位于文档中最前面的位置，处于 <html> 标签之前。此标签可告知浏览器文档使用哪种 HTML 或 XHTML 规范。

（2）<html></html> 标记

标识文件的开头与结尾，表示这对标记间的内容是 HTML 文档。

（3）<head></head> 标记

HTML 的头部标记，标记内的内容不在浏览器中显示，主要用来说明文件的有关信息，如文件标题、作者、编写时间等。

<meta> 标签没有结束标签，位于 head 元素内部，<meta> 标签的属性定义了与文档相关联的名称和值。例如，<meta charset="utf-8"> 表示使用的字符编码为国际化编码，比较常见的字符编码还有简体中文编码 GB 2312。

在 <head> 标记内最常用的标记是 <title></title>，该标记是网页主题标记，其内容是提示网页内容和功能的文字，将出现在浏览器的标题栏中。

（4）<body></body> 标记

HTML 文档的主体部分，网页正文中的所有内容（包括文字、表格、图像、声音和动画等）都包含在这对标记之间。

（5）<!---> 标记

页面注释标记，是在 HTML 代码中插入的描述性文本，用来解释该代码或提示其他信息。注释只出现在代码中，浏览器对注释代码不进行解释，并且在浏览器的页面中不显示。注释对于设计者日后的代码修改、维护工作很有好处。

页面注释不仅可以用于对 HTML 中一行或多行代码进行解释说明，如果希望某些 HTML 代码在浏览器中不生效时，也可以将这部分内容放在 <!---> 标记中。

HTML5 文件基本结构标签的层级关系如图 1-2-1 所示。

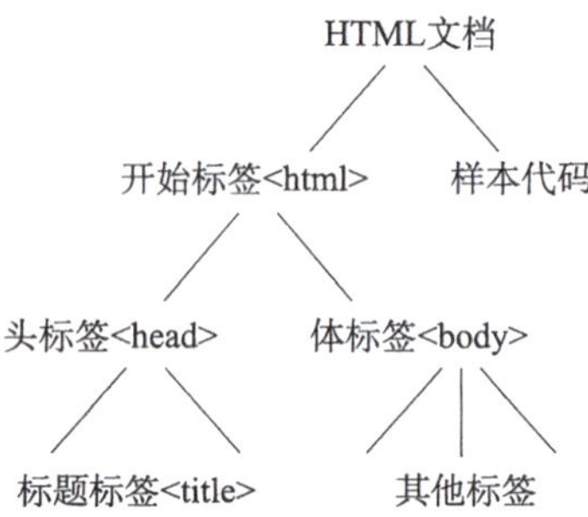

图 1-2-1　HTML5 文件基本结构标签的层级关系

【课堂练习 1-2-1　输入一个完整的网页结构标签】

打开 Visual Studio Code，输入如下标签：

```
<!doctype html>
<html>
    <head>
        <meta charset="UTF-8">
        <title> HTML5 基本结构 </title>
    </head>
    <!-- 这是注释 -->
    <body>
        <p> 这是一个完整的网页结构标签 </p>
    </body>
</html>
```

2. HTML5 新增的结构标签

在之前的 HTML 页面中，网页基本上都是使用 DIV+CSS 的布局方式。搜索引擎抓取页面内容时，只能猜测某个 DIV 内的内容是文章内容的容器，或者是导航模块的容器，或者是作者介绍的容器等，也就是说整个 HTML 文档结构定义不清晰。HTML5 中为了解决这个问题，专门添加了页眉、页脚、导航、文章内容等跟结构相关的结构元素标签。图 1-2-2 就是 HTML5 新标签带来的新布局。

HTML5 新增结构标签分为主体结构标签和非主体结构标签。

（1）HTML5 新增主体结构标签（元素）

1）article 元素

article 元素代表文档，页面或程序中相对独立、完整的部分通常用 article 包裹。就像文章一样，article 里头依然可以包括 header、section 等元素。article 元素可以互相嵌套，使用频率极高，强调独立性。

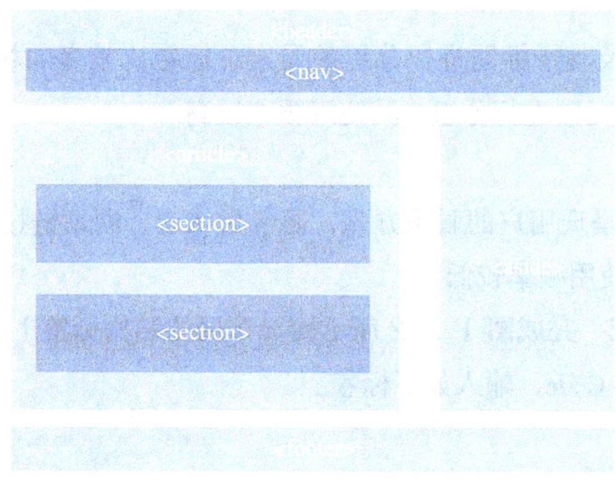

● 图 1-2-2　HTML5 网页布局

2）section 元素

section 是区块元素，用于页面内容的独立分块，往往是文章的一段，通常由内容和标题组成。没有标题的内容不推荐使用 section。section 元素使用频率低，强调分段分块。

3）nav 元素

nav 是导航区块元素，作为导航连接组使用，通常用于导航栏、侧边导航栏等，使用频率较高。

4）aside 元素

aside 元素是当前或文章的附属信息部分，它可以包含与当前页面或主要内容相关的引用、侧边栏、广告、导航条等。如博客文章用 article，而博客旁边的文章信息栏（用于展示作者头像、博文分类、作者等级等和博客正文内容无关的信息）用 aside，其使用频率较低。

5）time 元素

time 元素用于定义日期或时间，代表 24 h 中的某个时刻或某个日期，表示时刻时允许带时差。它可以定义很多格式的日期和时间，使用频率较低。

（2）HTML5 新增非主体结构标签（元素）

1）header 元素

header 元素用于定义文档的页眉，是具有引导和导航作用的结构元素。header 至少包含（但不局限于）一个标题标记（如 <h1> ~ <h6>），还可以包括其他标签，如表格、列表、表单、<nav> 标签等，其使用频率极高。

2）footer 元素

footer 元素用于标记文档的脚注，一般是一个页面的尾部信息，内容通常为联系信息、相关阅读信息、版权信息等，其使用频率较高。

3）hgroup 元素

hgroup 是将标题及其子标题进行分组的元素（标题比较多的场合下使用）。hgroup 元素通常会将 h1 ~ h6 元素进行分组，其使用频率较高。

4）address 元素

address 元素用来呈现用户的联系方式，通常为作者、网站链接、电子邮箱、地址、电话号码等内容，其使用频率较低。

【课堂练习 1-2-2　完成图 1-2-2 所示网页布局的结构标签】

打开 Visual Studio Code，输入如下标签：

```
<!doctype html>
    <head>
        <meta charset="UTF-8">
        <title> HTML5 新增结构标签 </title>
    </head>
    <body>
        <!-- 头部 -->
        <header>
            <nav></nav>
        </header>
        <!-- 主体部分 -->
        <div class="main">
            <article>
                <section></section>
                <section></section>
            </article>
            <aside></aside>
        </div>
        <!-- 底部 -->
        <footer></footer>
    </body>
</html>
```

3. 移动设备的 HTML 基本结构

智能手机和平板计算机这类移动设备与传统计算机相比，存在以下两点区别。

（1）硬件的配置。传统计算机硬件配置都相对强大，各种浏览器对硬件的要求已经没有太多的限制。而智能手机和平板计算机受限于体积，其 CPU 性能相比传统计算机要低很多，内置的浏览器就不得不考虑硬件因素，因此智能手机和平板计算机的浏览器功能相对有限。

（2）屏幕的大小。传统计算机经过多年的发展，现在显示器的屏幕分辨率已经能够达到 1 024 px × 768 px 及更高的 1 280 px × 1 024 px 等。但普通网页很难全屏显示在智能手机上，即使通过屏幕放大或缩小可以访问传统的网页，但由于用户体验不佳，也很难得到实际的应用。

为了增加对移动设备的友好度，需要将针对移动设备的样式融合进网页框架的每个角落，而不是增加一个额外的移动页面。

为了确保适当的绘制和触屏缩放，需要在 <head> 之中添加 viewport 元数据标签。

移动设备上的 viewport 就是设备的屏幕上用来显示网页的那一块区域，通俗地说，就是浏览器上用来显示网页的那部分区域，但 viewport 又不局限于浏览器可视区域的大小，它可能比浏览器的可视区域要大，也可能比浏览器的可视区域要小。在默认情况下，移动设备上的 viewport 都是要大于浏览器可视区域的。考虑到移动设备的分辨率相较于传统计算机来说比较小，为了能在移动设备上正常显示那些传统的为桌面浏览器设计的网页，移动设备上的浏览器会把自己默认的 viewport 设为 980 px 或 1 024 px（也可能是其他值，这个是由设备自己决定的），但带来的后果就是浏览器会出现横向滚动条，因为浏览器可视区域的宽度比这个默认的 viewport 的宽度要小。图 1-2-3 列出了一些设备上浏览器默认 viewport 的宽度。

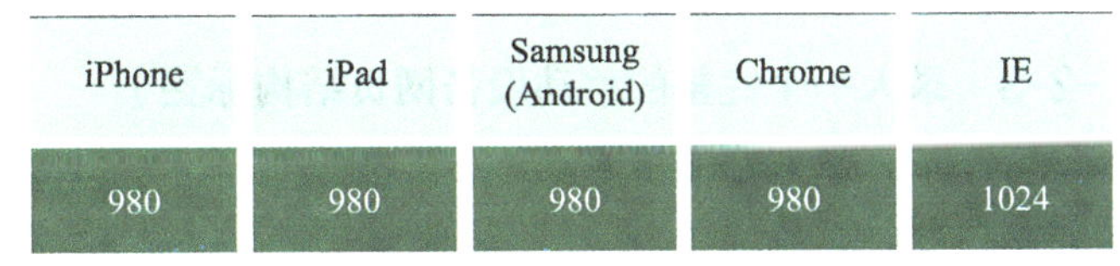

iPhone	iPad	Samsung (Android)	Chrome	IE
980	980	980	980	1024

● 图 1-2-3　浏览器默认 viewport 的宽度

一个常用的针对移动网页优化过的页面的 viewport meta 标签大致如下：

```
<meta name="viewport" content="width=device-width,initial-scale=1,
maximum-scale=1,user-scalable=no">
```

width：控制 viewport 的大小，可以是指定的一个值，如 600，或者特殊的值，如 device-width（设备的宽度，单位是缩放为 100% 时的 CSS 的像素）。

height：和 width 相对应，指定高度。

initial-scale：初始缩放比例，即页面第一次加载时的缩放比例。

maximum-scale：允许用户缩放到的最大比例。

minimum-scale：允许用户缩放到的最小比例。

user-scalable：是否禁用其缩放（zooming）功能。使用“user-scalable=no”禁用缩放功能后，用户只能滚动屏幕，这样能让网站看上去更有原生应用的感觉。注意，不推荐所有网站使用这种方式，要根据具体情况而定。

移动设备的网页布局主要分为三个部分：第一部分是 header 部分，包括标题及一些操作按钮；第二部分是中间 article 部分，此部分是正文区域，主要显示详细的内容；第三部分是 footer 部分，此部分采用 nav 导航的特性，显示各种可选的导航菜单，如图 1-2-4 所示。

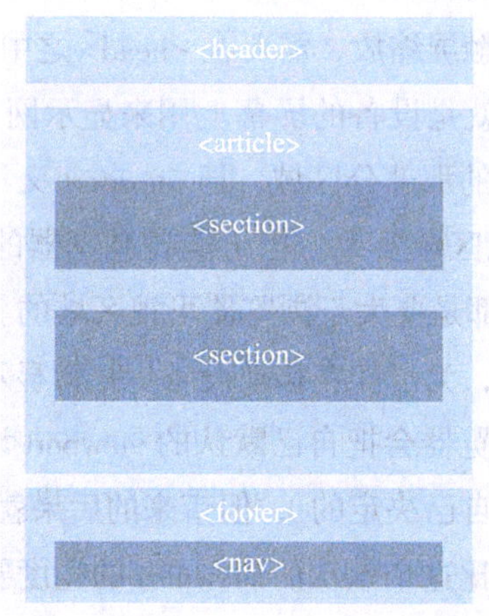

● 图 1-2-4　移动设备的网页布局

【课堂练习 1-2-3　录入一个完整的移动设备网页结构标签】

打开 Visual Studio Code，输入如下标签：

```
<!doctype html>
<html lang="zh-CN">
    <head>
        <meta charset="UTF-8">
        <meta name="viewport" content="width=device-width,initial-scale=1">
        <title> 移动设备的 HTML 网页结构标签 </title>
    </head>
    <body>
        <!-- 头部 -->
        <header></header>
        <!-- 主体部分 -->
        <article>
            <section></section>
            <section></section>
        </article>
        <!-- 底部 -->
        <footer>
            <nav></nav>
```

```
            </footer>
        </body>
    </html>
```

其中，<html lang="zh-CN"> 用于告知各个浏览器使用哪种字符集，如果没有这一项，那么浏览器就按各自默认的字符来显示，这样各个浏览器显示的效果就可能不一样了。

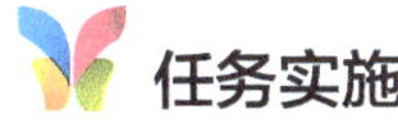

任务实施

（1）打开 Visual Studio Code 软件，新建文件，并将该文件保存为 index.html。

（2）简要分析页面效果图，可知其主要包括头部、主体内容的底部版权信息三部分。

（3）完成 D 清单网页 HTML 结构的编写和移动设备代码的设置。参考代码如下：

```
<!DOCTYPE html><!-- 声明 -->
<html lang="zh-CN">
<head>
        <meta charset="utf-8">
        <!-- 移动设备设置 -->
        <meta name="viewport" content="width=device-width,initial-scale=1">
        <title>D 清单 </title>
</head>
<body>
    <!-- 网页内容头部 -->
    <header>
        <nav></nav>
    </header>
    <!-- 网页内容主体部分 -->
    <article></article>
    <article>
        <section></section>
        <section></section>
        <section></section>
    </article>
    ……①
    <article>
        <section>
```

① 此处省略内容为网页主体部分，可根据需要自行添加。

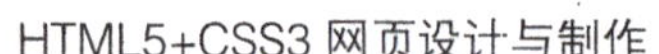


```
                    <address></address>
                    <address></address>
            </section>
            <section></section>
        </article>
        <!-- 网页内容底部 -->
        <footer></footer>
    </body>
    </html>
```

任务拓展

网站文件夹结构及命名看似无足轻重，但实际上如果没有良好的网站文件夹结构及命名规则进行必要的约束，最终的结果就是整个网站或文件夹无法管理。

为了简化网站代码，降低网站建设的成本，保证网站在互联网环境中能长期有效，加强网站的兼容性，能适应不同的网络设备和网络终端，在建设网站时要保证代码符合 W3C 规范。

扫描右侧二维码了解相关知识。

任务 3　添加段落和文字

任务目标

1. 能够表述常见 HTML 格式化文本标签的含义。
2. 能够在网页中按要求正确应用 HTML 文本标签。
3. 能够在分析网页效果图的基础上，使用 HTML 添加网页中的段落和文字内容。

任务描述

本次任务通过理解常见 HTML 格式化文本标签的含义，学习 HTML5 的常用文本标签的使用方法，按照 HTML 格式化文本标签要求，在任务 2 的 D 清单网页结构中添加段落和文字内容。完成后的效果如图 1-3-1 所示。

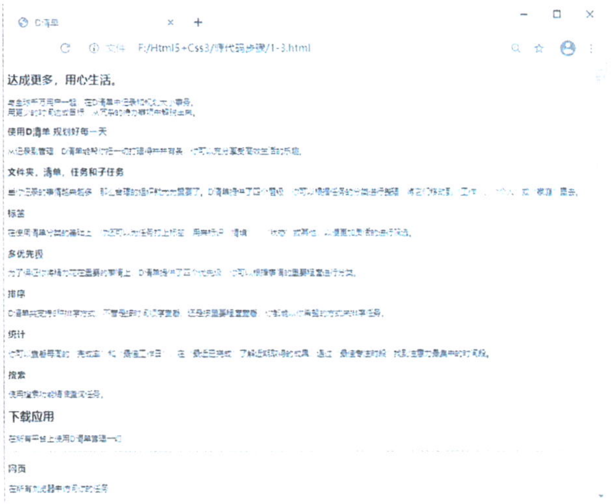

D清单
F:/Html5+Css3/评代码步骤/1-3.html
达成更多，用心生活。
使用D清单 规划好每一天
文件夹，清单，任务和子任务
标签
多优先级
排序
统计
搜索
下载应用
网页

● 图 1-3-1　本任务添加文字和段落后的效果

任务分析

在学习以下知识技能的基础上，完成 D 清单网页段落和文字内容的编写。

1. 标题标签的使用。

2. 段落标签的使用。

3. 其他常见文本标签的使用。

D 清单网页标题和段落的分析如图 1-3-2 所示。

Dlist
达成更多，用心生活。
标题
与全球千万用户一起，在D清单中记录和规划大小事务，
用更少的时间达成目标，从冗杂的待办事项中解脱出来。
段落
使用D清单 规划好每一天
标题
段落
文件夹，清单，任务和子任务
标题
段落

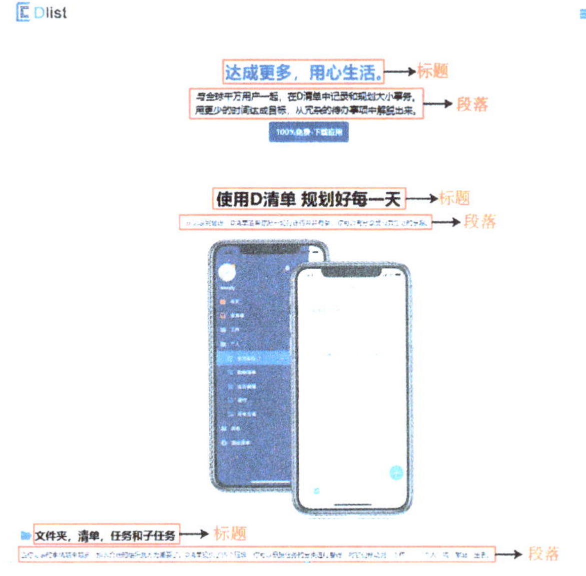

● 图 1-3-2　效果图中部分标题与段落分析

知识与技能准备

文字是网页中最主要、最常用的元素之一。通常一篇文档最基本的结构就是由若干个不同级别的标题和正文组成的。在 HTML 中，文字是通过标题和段落标签来体现的。

1. 标题标签 <h1> ~ <h6>

HTML 文档中包含各种级别的标题，各种级别的标题由 <h1> 到 <h6> 标签来定义，<h1> ~ <h6> 标题标签中的字母 h 是英文单词 headline（标题行）的首字母。其中，<h1> 代表一级标题，级别最高，文字也最大，其他标题标签依次递减，<h6> 级别最低。其语法形式如下：

```
<h1> 一级标题 </h1>
<h2> 二级标题 </h2>
……
<h6> 六级标题 </h6>
```

【课堂练习 1-3-1　显示 6 级标题的效果】

打开 Visual Studio Code 软件，在 <body> 标签中输入如下代码：

```
<h1> 这是一级标题 </h1>
<h2> 这是二级标题 </h2>
<h3> 这是三级标题 </h3>
<h4> 这是四级标题 </h4>
<h5> 这是五级标题 </h5>
<h6> 这是六级标题 </h6>
```

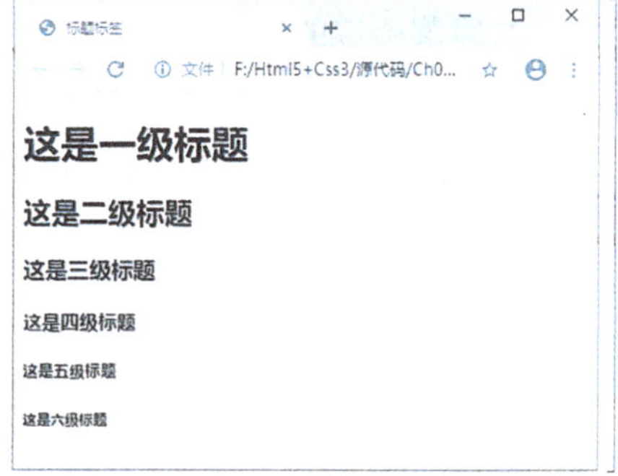

图 1-3-3　标题标签的使用

显示效果如图 1-3-3 所示。

2. 段落标签 <p>

段落标签为 <p></p>，在 <p> 开始标签和 </p> 结束标签之间的内容形成一个段落。其中的 p 是英文单词 paragraph（段落）的首字母。段落标签用来定义网页中的一段文本，文本在一个段落中会自动换行。其语法形式如下：

```
<p> 段落文字 </p>
```

【课堂练习 1-3-2　使用标题和段落的网页】

打开 Visual Studio Code 软件，在 <body> 标签中输入如下代码：

```
1   <h1>W3C 的介绍 </h1>
2   <p>W3C 指万维网联盟，它是建立于 1994 年的组织，其宗旨是通过促进通用协议的发展并
3   确保其通用性，以激发 Web 世界的全部潜能。</p>
4   <p>W3C 标准不是某一个标准，而是一系列标准的集合。网页主要由三部分组成：结构
5   （Structure）、表现（Presentation）和行为（Behavior）。对应的标准也分三方面：
6   结构化标准语言主要包括 XHTML 和 XML，表现标准语言主要包括 CSS，
7   行为标准主要包括对象模型（如 W3C DOM）、ECMAScript 等。这些标准大部分由 W3C 起草
8   和发布，也有一些是其他标准组织制定的标准，比如 ECMA 的 ECMAScript 标准。
9   </p>
10  <p> 为了简化网站代码，降低网站建设的成本，保证网站在互联网环境中能长期有效，加强
11  网站的兼容性，能适应不同的网络设备和网络终端，在建设网站时要保证代码符合 W3C
12  规范。
13  </p>
```

显示效果如图 1–3–4 所示。

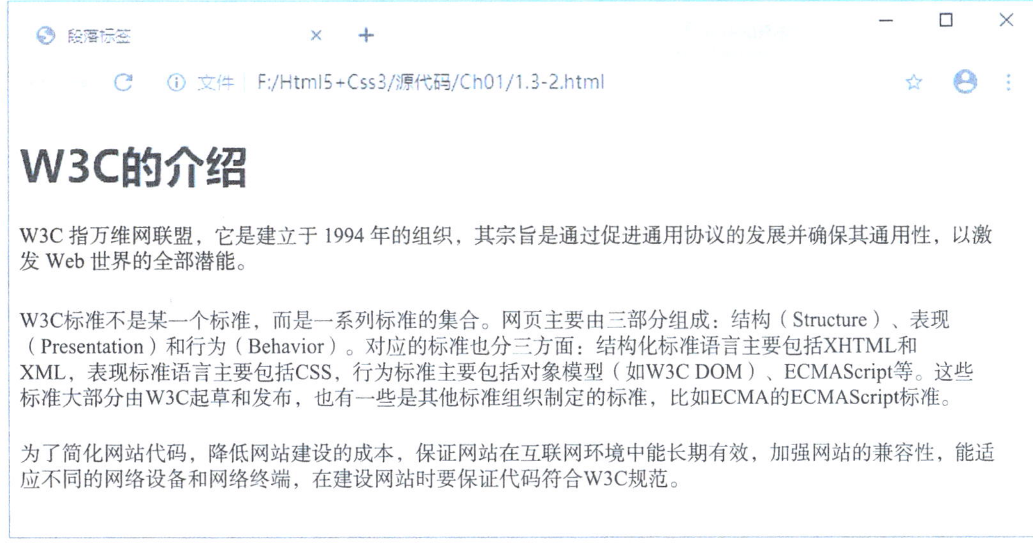

图 1–3–4 使用了标题和段落的网页

3. 换行标签

从课堂练习 1–3–2 中可以看出，浏览器在显示网页时，完全按照 HTML 标签来解释 HTML 代码，在编辑器中换行（按 Enter 键，如上面代码中的第 6、7 行）是无效的。在 HTML 中，换行需要使用
 标签来完成。

换行标签
 是一个单标签，它没有结束标签，作用是将文字在一个段内强制换行，br 是英文单词 break 的缩写。使用换行标签时，在需要换行的位置添加
 标签即可。其语法形式如下：

```
换行前文本 <br/>
```

【课堂练习 1-3-3　使用换行标签编写网页】

打开 Visual Studio Code 软件，在 <body> 标签中输入如下代码：

```
<p>
    悄悄的我走了 <br/>
    正如我悄悄的来 <br/>
    我挥一挥衣袖 <br/>
    不带走一片云彩
</p>
```

显示效果如图 1-3-5 所示。

图 1-3-5　使用了换行标签的网页

4. 通用块元素 <div>

<div> 标签可以把文档分割为独立的、不同的部分。它可以用作严格的组织工具，并且不使用任何格式与其关联。

div 元素是通用的块元素，内部可以包含其他各种元素（包括其他 div 元素），并且可以通过 CSS 设置样式来完成复杂的页面布局。关于 CSS 设置将在第二阶段中学习。

其语法形式如下：

```
<div> 任何网页元素（标签）</div>
```

HTML 中的元素可分为两种类型：块级元素和行内元素。块级元素显示在一块内，会自动换行，元素会从上到下垂直排列，各自占一行，如前面所讲过的 <p><h1><div> 等标签元素。行内元素在一行内水平排列，高度由元素的内容决定，height（高度）属性不起作用，如后面要讲的 span、a 等元素。

【课堂练习 1-3-4　使用 div 分割文档】

打开 Visual Studio Code 软件，在 <body> 标签中输入如下代码：

```
<div>
    <h1> 第一阶段 </h1>
    <p> 制作酒店宣传单页的内容 </p>
</div>
<div>
    <h1> 第二阶段 </h1>
    <p> 使用 CSS3 设置网页格式 </p>
</div>
```

效果显示如图 1-3-6 所示。

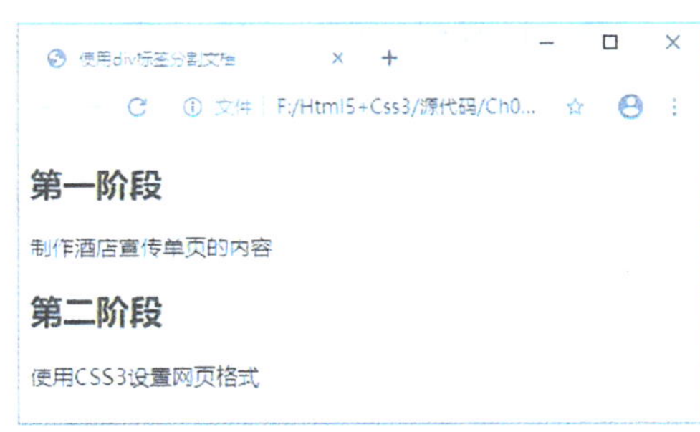

● 图 1-3-6 使用 div 分割文档

5. 通用内联元素 <span>

<span> 标签用来组合文档中的行内元素。span 没有固定的格式表现，当对它应用样式（在后面的任务中会进行详细讲解）时，它才会产生视觉上的变化。

<span> 标签可在行内定义区域，也就是一行可以被 span 划分成多个区域，从而实现某种特定效果。<span> 标签本身没有任何属性。

其语法形式如下：

```
<span> 要修改样式的文字 </span>
```

【课堂练习 1-3-5 使用 <span> 标签】

打开 Visual Studio Code 软件，在 <body> 标签中输入如下代码：

```
<div>
    <h2> 第一阶段 </h2>
    <p> 这是第一阶段中的 <span>span</span></p>
</div>
<div>
    <h2> 第二阶段 </h2>
    <p> 这是第二阶段中的 <span>span</span></p>
</div>
```

效果显示如图 1–3–7 所示。

图 1–3–7　使用 <span> 标签

6. 常见的短语元素

除了用段落和标题组织文本，有时还需要使用短语元素来指定标记之间的文本的上下文与含义。常见的短语元素及其用法见表 1–3–1。

表 1–3–1　　常见的短语元素及其用法

短语元素及应用	功能	应用效果
<strong> 内容 </strong>	强调文本，加粗显示	**内容**
<em> 内容 </em>	强调标签，字体被加斜体效果	*内容*
^{上标}	上标标签	内容^{上标}
_{下标}	下标标签	内容$_{下标}$
<mark> 内容 </mark>	记号文本，高亮显示	内容

提示：HTML 中的加粗文本和倾斜文本标签已经过时，是不再使用的标签，这些效果都应该使用 CSS 样式来实现。随着后面学习的深入将会发现，虽然 HTML 可以实现和 CSS 相同的效果，但是 CSS 所实现的控制远比 HTML 更细致、精确得多。

任务实施

（1）打开任务 2 中的 index.html 文件。

（2）完成 D 清单网页中标题和段落的代码编写。参考代码如下：

```
<body>
    <header>
        <nav></nav>
    </header>
```

```
    <article>
        <h1>达成更多，用心生活。</h1>
        <p>与全球千万用户一起，在 D 清单中记录和规划大小事务。<br>
            用更少的时间达成目标，从冗杂的待办事项中解脱出来。</p>
    </article>
    <article>
        <section>
            <h1>使用 D 清单  规划好每一天</h1>
            <p>从记录到管理，D 清单能帮你把一切打理得井井有条，你可以充分享受高效生活的乐趣。</p>
        </section>
        <section></section>
        <section>
            <h3>文件夹，清单，任务和子任务</h3>
            <p>当你记录的事情越来越多，那么合理的组织就尤为重要了。D 清单提供了四个层级，你可以根据任务的分类进行整理，将它们移动到“工作”“个人”或“家庭”里去。</p>
            <h3>标签</h3>
            <p>在使用清单分类的基础上，你还可以为任务打上标签，用来标识“情境”“状态”或其他，以便更加灵活地进行筛选。</p>
            <h3>多优先级</h3>
            <p>为了保证你将精力花在重要的事情上，D 清单提供了四个优先级，你可以根据事情的重要程度进行分类。</p>
            <h3>排序</h3>
            <p>D 清单共支持 6 种排序方式，不管是按时间顺序查看，还是按重要程度查看，你都能以你希望的方式来排序任务。</p>
            <h3>统计</h3>
            <p>你可以查看每周的“完成率”和“最佳工作日”，在“最近已完成”中了解近期取得的成果，通过“最佳专注时段”找到注意力最集中的时间段。</p>
            <h3>搜索</h3>
            <p>使用搜索功能精准查询任务。</p>
        </section>
    </article>
    ……①
    <footer>
        <div>©2020 广州 D 笔记网络技术有限公司  粤 ICP 备 12341234 号  粤公网安备 33010602000000 号</div>
    </footer>
</body>
```

① 其余模块结构相同，此处略去。

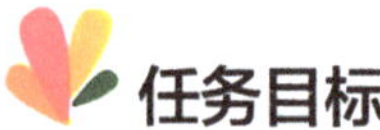

任务拓展

目前，很多行业中的信息都出现在网络上，每个行业都有自己的行业特性，如数学、物理和化学都有特殊的符号。那么该如何在网页上显示这些特殊字符呢？扫描右侧二维码了解相关知识。

任务 4　添加菜单栏列表

任务目标

1. 能够叙述网页中列表的常见类型。
2. 能够规范使用有序列表和无序列表。
3. 能够使用 HTML 列表完成 D 清单网页菜单栏内容的制作。

任务描述

本次任务根据 D 清单网页效果图，在任务 3 的基础上，使用 HTML 列表制作该网页中的菜单栏列表。完成后的效果如图 1-4-1 所示。

- 首页
- 功能介绍
- 下载应用
- 高级会员
- 帮助中心
- 联系我们

图 1-4-1　本任务添加菜单栏列表后的效果

任务分析

在学习以下知识技能的基础上，完成**菜单栏列表的制作**。

1. 列表的结构组成。
2. 无序列表的语法。
3. 有序列表的语法。

D 清单网页菜单栏展开后的效果如图 1-4-2 所示。

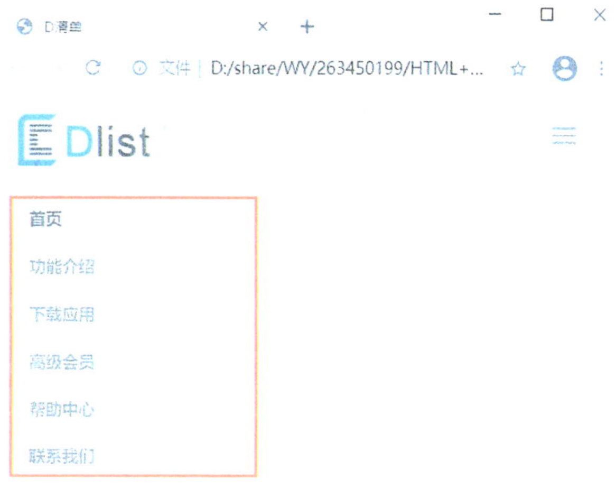

● 图 1-4-2　效果图中菜单栏展开后的效果

知识与技能准备

列表在网页中占有比较大的比重，如信息分类、新闻列表、菜单、排行榜等，列表形式显示信息非常整齐直观，便于用户理解。列表项内部可以使用段落、换行符、图片、链接以及其他列表等。

1. 列表的结构组成

HTML 的列表是一个由列表标签封闭的结构，包含的列表项由 <li></li> 组成。

HTML 支持有序列表、无序列表和自定义列表，常用列表结构是无序列表和有序列表。

（1）无序列表 <ul>

无序列表就是列表结构中的列表项没有先后顺序的列表形式。无序列表适合列表项之间无级别顺序关系的情况，大部分网页应用中的列表均采用无序列表，其列表标签采用 <ul></ul>，其语法形式如下：

```
<ul>
    <li> 列表项一 </li>
    <li> 列表项二 </li>
    <li> 列表项三 </li>
    ……
</ul>
```

无序列表是一个项目的列表，此列表项目使用实心黑圆点进行标记。

无序列表在浏览器中的显示效果如下：

● 列表项一

- 列表项二
- 列表项三

【课堂练习 1-4-1　无序列表的简单应用】

打开 Visual Studio Code 软件，在 <body> 标签中输入如下代码：

```
<ul>
    <li>HTML</li>
    <li>CSS</li>
    <li>JS</li>
</ul>
```

显示效果如图 1-4-3 所示。

图 1-4-3　无序列表的简单应用

（2）有序列表 <ol>

有序列表就是列表结构中的列表项有先后顺序的列表形式。有序列表适合各项目之间存在顺序关系的情况，其列表标签采用 <ol></ol>，其语法形式如下：

```
<ol>
    <li> 列表项一 </li>
    <li> 列表项二 </li>
    <li> 列表项三 </li>
    ……
</ol>
```

有序列表是一个项目的列表，此列表项目从上到下默认按顺序加上“1.”“2.”“3.”等数字编号。

有序列表在浏览器中的显示效果如下：

1. 列表项一
2. 列表项二
3. 列表项三

【课堂练习 1-4-2　有序列表的简单应用】

打开 Visual Studio Code 软件，在 <body> 标签中输入如下代码：

```
<ol>
    <li>HTML</li>
    <li>CSS</li>
    <li>JS</li>
</ol>
```

显示效果如图 1-4-4 所示。

图 1-4-4　有序列表的简单应用

2. 嵌套列表

当一个列表内容里还有细分的列表，就需要嵌套一个列表进去。语法结构与数学中的括号嵌套类似。

【课堂练习 1-4-3　列表的嵌套使用】

打开 Visual Studio Code 软件，在 <body> 标签中输入如下代码：

```
<ol>
    <li> 牛奶
        <ol>
            <li> 纯牛奶 </li>
            <li> 高钙奶 </li>
        </ol>
    </li>
    <li> 茶
        <ol>
            <li> 红茶 </li>
            <li> 绿茶 </li>
        </ol>
    </li>
</ol>
```

显示效果如图 1-4-5 所示。

图 1-4-5　列表的嵌套使用

【课堂练习 1-4-4　有序列表和无序列表的嵌套使用】

打开 Visual Studio Code 软件，在 <body> 标签中输入如下代码：

```
<ol>
    <li> 网页前端技术
        <ul>
            <li>HTML</li>
            <li>CSS</li>
            <li>JS</li>
```

```
        </ul>
    </li>
    <li> 网页后台的学习
        <ul>
            <li>ASP</li>
            <li>PHP</li>
            <li>CGI</li>
        </ul>
    </li>
</ol>
```

显示效果如图 1-4-6 所示。

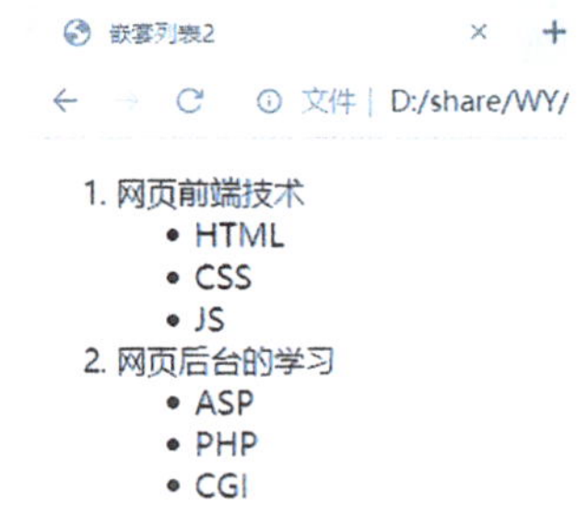

图 1-4-6　有序列表和无序列表的嵌套使用

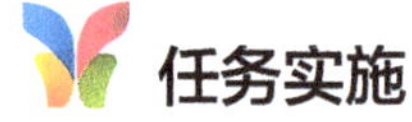

任务实施

（1）打开任务 3 中的 index.html 文件。

（2）使用 HTML 无序列表完成网页菜单栏列表的制作，在之前的 <header> 网页结构标签中添加列表代码。参考代码如下：

```
<header>
    <nav>
        <ul>
            <li> 首页 </li>
            <li> 功能介绍 </li>
            <li> 下载应用 </li>
            <li> 高级会员 </li>
            <li> 帮助中心 </li>
            <li> 联系我们 </li>
        </ul>
    </nav>
</header>
```

任务拓展

HTML 提供的列表结构除了无序列表和有序列表外，还有自定义列表<dl>。扫描右侧二维码了解相关知识。

任务 5 添加超链接

任务目标

1. 能够正确使用超链接的两种用法。
2. 能够识别和制作网页中的超链接。
3. 能够应用不同的超链接方式完成菜单栏等内容中超链接的制作。

任务描述

本次任务根据 D 清单网页效果图，在任务 4 基础上，添加网页中的超链接。菜单栏的超链接按要求链接到本页面的对应内容，其他超链接可自定义或留空。完成后的部分效果如图 1-5-1 所示。

- 首页
- 功能介绍
- 下载应用
- 高级会员
- 帮助中心
- 联系我们

达成更多 用心生活

与全球千万用户一起，在D清单中记录和规划大小事务。用更少的时间达成目标，从冗杂的待办事项中解脱出来。

100%免费-下载应用

网页

在所有浏览器中访问你的任务

在网页中登录

Android 手机和平板

随时在手机和平板上管理任务

下载安装文件 下载安装文件

iPhone 和 iPad

随时在手机和平板上管理任务

高级会员

在所有平台上享有多项高级功能、10倍清单和任务数量，助您实现更多目标和可能。

现在就升级

一年高级会员只需￥139（每月仅￥11.6）

图 1-5-1 本任务添加超链接后的部分效果

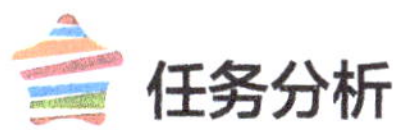

任务分析

在学习以下知识技能的基础上，完成网页中超链接的制作。

1. HTML 超链接标签的用法、语法。

2. HTML 超链接标签的 href、name、target 属性。

D 清单网页中的超链接内容如图 1-5-2 所示，包括菜单栏超链接、按钮超链接、下载文件超链接等内容。

图 1-5-2　效果图中的超链接内容

知识与技能准备

网页中使用超链接来跳转到新的文档或者当前文档中的某个部分。跳转的目标可以是另一个网页，也可以是相同网页上的不同位置，还可以是一个图片、一个电子邮件地址、一个文件，甚至是一个应用程序。当鼠标指针移动到网页中的某个链接上时，箭头会变为小手的形状。

1. 超链接的用法

超链接标签 <a> 的两种使用方式：

（1）使用 href 属性创建指向另一个文档的链接来跳转到新的文档。

（2）使用 name 属性创建文档内的书签来跳转到文档中的某个部分。

2. 超链接的语法

超链接标签 <a> 是给文本内容加修饰的标签，添加后默认链接样式为蓝色文字，有下划线。其语法形式如下：

```
<a href=" 链接地址 "> 超链接文本内容 </a>
```

3. 超链接的 href 属性

href 属性的值可以是任何有效文档的相对或绝对 URL。

（1）绝对 URL

绝对 URL 一般是指向另一个站点，如：href="http://www.test.com/index.html"。这种方式通常用于链接文档的位置与目前浏览的网页位于不同的服务器。

（2）相对 URL

相对 URL 是指向站点内的某个文件，如：href="test.html"。若链接文档与目前浏览的网页位于相同的服务器上，则从主页 index.html 链接到相同目录中的 test.html，就可以使用相对链接 href="test.html"。如果链接网页与被链接的对象位于不同的目录，则要指出链接目标所在的目录位置。href 属性详细取值可参考表 1-5-1。

表 1-5-1　　**href 属性取值**

链接资源的相对位置	href 的属性值	示例
同一目录下	文档名称	test.html
下一级目录	路径名称 / 文档名称	html/test.html
上一级目录	../ 文档名称	../test.html
上级目录下的其他目录	../ 路径名称 / 文档名称	../html/test.html

【课堂练习 1-5-1　给文字添加超链接】

打开 Visual Studio Code 软件，在 <body> 标签中输入如下代码：

```
<p><a  href="test.html">本相对链接</a>是一个指向本网站中的一个页面的链接。
</p>
<p><a href="https://hao.360.com/">本绝对链接</a>是一个指向万维网上的页面
的链接。</p>
```

显示效果如图 1-5-3 所示。

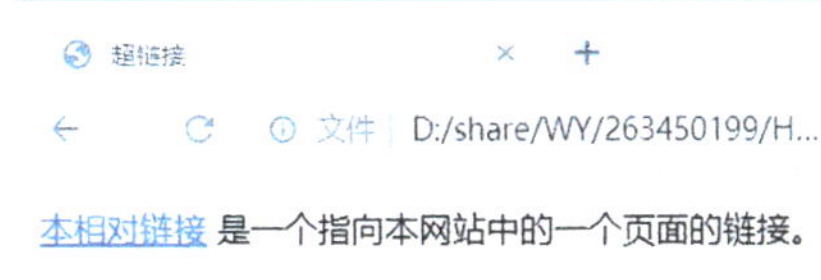

● 图 1-5-3　给文字添加超链接

从图 1-5-3 中可以看到超链接的默认样式，当单击页面中的超链接（相对链接或绝对链接）时，页面将跳转到设置的相应的文档页面。当单击浏览器的【后退】按钮，回到该页面时，文字链接的颜色变成了紫色，用于告诉浏览者，此链接已经被访问过。

（3）锚 URL

锚 URL 是指向页面中的锚点，如 href="#label"。若在网页中有锚点 label，使用 href="#label" 即可跳转到本页面中的锚点 label 所在位置。若锚点 label 不在本页面中，则要使用 href=" 页面地址 #label" 才能完成页面锚点的跳转。

4. 超链接的 name 属性

name 属性规定锚的名称。有些 HTML 页面中会有书签，在网页中称为锚点，命名锚有以下两个方法。

（1）name 命名锚

```
<a name=" 锚点名称 "> 锚点所在位置文字 </a>
```

（2）id 命名锚

```
<a id=" 锚点名称 "> 锚点所在位置文字 </a>
```

id 属性相当于在文档中放置了一个标识，而 href 属性就可以直接链接到这个标识中。

注意：锚的名称由用户自行命名，但是锚点名称不能使用数字开头，要使用英文字母开头。

【课堂练习 1-5-2　为页面添加锚点】

打开 Visual Studio Code 软件，在 <body> 标签中输入如下代码：

```
<p><a id="top"> 唐诗三百首 </a></p>
<p><a> 出塞 </a></p>
<p><a> 春晓 </a></p>
<p><a> 寻隐者不遇 </a></p>
<p><a name="sec1">《出塞》</a></p>
<h5>[ 唐 ] 王昌龄 </h5>
<p> 秦时明月汉时关，万里长征人未还。</p>
<p> 但使龙城飞将在，不教胡马度阴山。</p>
<p><a name="sec2">《春晓》</a></p>
<h5>[ 唐 ] 孟浩然 </h5>
<p> 春眠不觉晓，处处闻啼鸟。</p>
<p> 夜来风雨声，花落知多少。</p>
<p><a name="sec3">《寻隐者不遇》</a></p>
<h5>[ 唐 ] 贾岛 </h5>
<p> 松下问童子，言师采药去。</p>
<p> 只在此山中，云深不知处。</p>
<p><a> 回到顶部 </a></p>
```

显示效果如图 1–5–4 所示。

从图 1-5-4 中可以看到，加入锚点后页面的显示和未加入的没有任何区别。书签要实现跳转需要配合 href 属性一起使用，在 href 属性中指定对应的锚点名称，并在名称前加一个“#”符号。

【课堂练习 1-5-3　在练习 1-5-2 基础上修改代码实现锚点的跳转】

打开课堂练习 1-5-2 的代码，对 <body> 标签中的代码进行修改：

```
<p><a id="top">唐诗三百首</a></p>
<p><a href="#sec1">出塞</a></p>
<p><a href="#sec2">春晓</a></p>
<p><a href="#sec3">寻隐者不遇</a></p>
<p><a name="sec1">《出塞》</a></p>
<h5>[唐]王昌龄</h5>
<p>秦时明月汉时关，万里长征人未还。</p>
<p>但使龙城飞将在，不教胡马度阴山。</p>
<p><a name="sec2">《春晓》</a></p>
<h5>[唐]孟浩然</h5>
<p>春眠不觉晓，处处闻啼鸟。</p>
<p>夜来风雨声，花落知多少。</p>
<p><a name="sec3">《寻隐者不遇》</a></p>
<h5>[唐]贾岛</h5>
<p>松下问童子，言师采药去。</p>
<p>只在此山中，云深不知处。</p>
<p><a href="#top">回到顶部</a></p>
```

显示效果如图 1-5-5 所示。

5. 超链接的 target 属性

target 属性用于让用户定义被链接的文档在何处显示，如果不使用 href 属性，则不可以使用 target 属性。默认情况下，超链接打开新页面的方式是在当前页面打开，用户也可自行修改打开方式。其语法形式如下：

```
<a href="链接地址" target="目标页面打开方式的值">链接文字内容</a>
```

target 属性的值有 4 个，具体的值及其意义见表 1-5-2。

表 1-5-2　　**target 属性的取值及其意义**

值	意义
_blank	在新窗口中打开目标页面
_self	默认值，在当前页面打开目标页面
_parent	在父框架中打开目标页面
_top	在整个窗口中打开目标页面

● 图 1-5-4　添加锚点的页面　　● 图 1-5-5　实现锚点跳转的页面

其中，_parent 和 _top 方式用于框架页面。

【课堂练习 1-5-4　在新窗口中打开页面】

打开 Visual Studio Code 软件，在 <body> 标签中输入如下代码：

```
<a href="1-5-3.html" target="_blank">在新窗口中打开 1-5-3.html 文档 </a>
```

显示效果如图 1-5-6 所示。

● 图 1-5-6　在新窗口中打开页面

运行上述代码，单击页面中的超链接时，将在一个新的窗口打开上一个练习的文档页面（即“1-5-3.html”）。

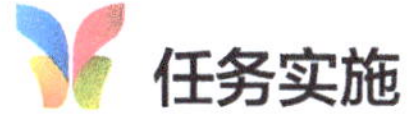

任务实施

（1）打开任务 4 中的 index.html 文件。

（2）完成宣传单页中菜单栏超链接显示效果。参考代码如下：

```
<header>
    <nav>
        <ul>
            <li><a href="#home"> 首页 </a></li>①
            <li><a href="#about"> 功能介绍 </a></li>
            <li><a href="#apply"> 下载应用 </a></li>
            <li><a href="#member"> 高级会员 </a></li>
            <li><a href="#help"> 帮助中心 </a></li>
            <li><a href="#contact"> 联系我们 </a></li>
        </ul>
    </nav>
</header>
```

（3）参照步骤（2）的方法，完成正文中超链接的制作。

任务拓展

超链接可以分为文本超链接、图片超链接、电子邮件超链接、锚点超链接、多媒体文件超链接和空链接等，常用的外部链接有 HTTP、E-mail、FTP 以及 Telnet。扫描右侧二维码了解相关知识。

任务 6　添加会员功能表格

任务目标

1. 熟悉 HTML 表格的基本元素。
2. 能够根据需要运用表格各个基本元素的属性。
3. 能够综合运用 HTML 表格标签和属性完成会员功能表格内容的制作。

---

① 为叙述方便，后文中将使用锚点名称称呼网页各模块，如“home 模块”“about 模块”等。

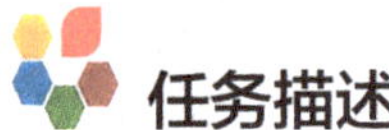

任务描述

本次任务根据宣传单页效果图，在任务 5 基础上，制作该网页中的会员功能表格的内容。完成后的效果如图 1-6-1 所示。

任务分析

在学习以下知识技能的基础上，完成**网页表格的制作**。

1. HTML 表格的三个基本元素。

2. 表格的语法及各个元素的属性。

D 清单网页会员功能表格效果如图 1-6-2 所示。可以看出，表格有 4 列 11 行，表格结构包含了描述文字“可以在手机端使用”，以及加粗的表格表头、表格正文等常规内容。

可以在手机端使用

#	特权	普通用户	高级会员
1	文件夹，清单，任务和子任务	√	√
2	智能清单和自定义智能清单	√	√
3	标签	√	√
4	多优先级	√	√
5	排序	√	√
6	搜索	√	√
7	日历小部件	×	√
8	不限清单	×	√
9	子任务提醒	×	√
10	清单摘要	×	√

图 1-6-1 本任务表格内容效果

可以在手机端使用

#	特权	普通用户	高级会员
1	文件夹，清单，任务和子任务	√	√
2	智能清单和自定义智能清单	√	√
3	标签	√	√
4	多优先级	√	√
5	排序	√	√
6	搜索	√	√
7	日历小部件	×	√
8	不限清单	×	√
9	子任务提醒	×	√
10	清单摘要	×	√

图 1-6-2 效果图中的表格内容

知识与技能准备

表格是网页中常用的元素，网页中经常使用表格进行显示或者统计数据。表格不仅可以在网页上显示数据，还可以将相互关联的一些信息元素集中定位，从而使页面更加简洁。和 Excel 数字表格一样，网页中的表格都是由行和列构成的，而行和列的交会处是一个个单元格。

1. table、tr、th、td

表格通过使用 <table><tr><th> 或 <td> 标签实现网页中数据的不同表示方式。

（1）<table> 标签：表格元素都是以 <table> 标记开始，以 </table> 标记结束，用来定义表格外框。

（2）<tr> 标签：定义表格行，表格的每一行都以 <tr> 标记开始，以 </tr> 标记结束。

（3）<th> 标签：定义表格的表头。

（4）<td> 标签：定义单元格，即表格的具体数据存储单元，每个单元格都以 <td> 标记开始，以 </td> 标记结束。

在一个表格中，可以插入多对 <tr> 标签表示多行，一对 <tr> 标签代表一行。每对 <tr> 标签之间可以插入多对 <td> 标签，每一对 <td> 标签代表一个单元格，单元格里的内容可以是文字、数据、图像、超链接、表单等元素。

其语法形式如下：

```
<table>
    <tr>
        <th> 表头 1</th>
        <th> 表头 2</th>
    </tr>
    <tr>
        <td> 单元格 1_1</td>
        <td> 单元格 1_2</td>
    </tr>
    <tr>
        <td> 单元格 2_1</td>
        <td> 单元格 2_2</td>
    </tr>
</table>
```

浏览器预览效果如图 1-6-3 所示。

表头1	表头2
单元格1_1	单元格1_2
单元格2_1	单元格2_2

图 1-6-3 表格

从浏览器的预览效果可以看出，表头有加粗和居中效果，表格的边框线默认是不显示的，要显示表格的边框线，需要对边框进行设置，后面会有具体的介绍。

【课堂练习 1-6-1　创建一个两行三列表格】

打开 Visual Studio Code 软件，在 <body> 标签中输入如下代码：

```
<!-- 创建两行三列的表格 -->
<table>
    <tr>
        <td> 姓名 </td>
        <td> 性别 </td>
        <td> 年龄 </td>
    </tr>
    <tr>
        <td> 张三 </td>
        <td> 男 </td>
        <td>20</td>
    </tr>
</table>
```

显示效果如图 1-6-4 所示。

图 1-6-4　简单的两行三列表格

2. caption

表格中可以用标题来对表格做一个简单的说明，caption 元素就是用来描述表格的标题特征，但 caption 元素必须紧跟 table 元素才有效，而且一个表格只能包含一个表格标题。

其语法形式如下：

```
<table>
    <caption> 表格标题文字说明 </caption>
    ......
</table>
```

【课堂练习 1-6-2　添加表格标题】

打开 Visual Studio Code 软件，在 <body> 标签中输入如下代码：

```
<!-- 创建两行三列的表格 -->
<table>
    <caption> 早餐单 </caption>
    <tr>
        <td> 周一 </td>
        <td> 周二 </td>
        <td> 周三 </td>
    </tr>
    <tr>
        <td> 皮蛋粥 </td>
        <td> 炒粉 </td>
        <td> 汤粉 </td>
    </tr>
</table>
```

显示效果如图 1-6-5 所示。

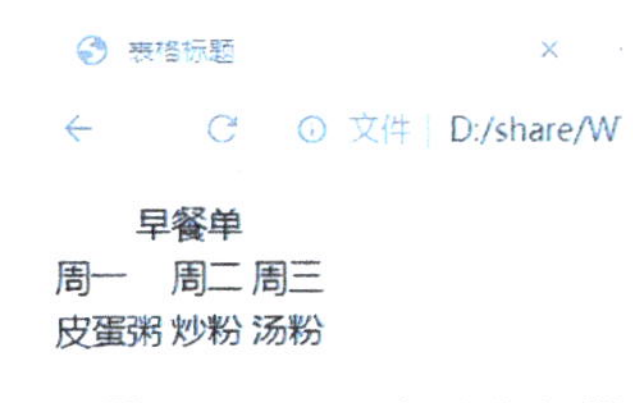

● 图 1-6-5　添加表格标题

3. 表格的行、列合并

表格中经常会有行、列合并进行数据输入的情况，网页中的表格行、列合并都是通过对单元格进行设置实现的。

（1）rowspan：行合并，指定单元格所占的行数。

其语法形式如下：

```
<td rowspan=" 跨的行数 ">
```

【课堂练习 1-6-3　设置单元格行合并】

打开 Visual Studio Code 软件，在 <body> 标签中输入如下代码：

```
<!-- 创建四行六列的表格 -->
<table>
    <caption> 课程表 </caption>
    <tr>
        <td></td>
        <td> 周一 </td>
```

```
            <td>周二</td>
            <td>周三</td>
            <td>周四</td>
            <td>周五</td>
        </tr>
        <tr>
            <td rowspan="2">上午</td><!-- 合并单元格 -->
            <td>网页布局</td>
            <td>Photoshop</td>
            <td>Axure</td>
            <td>网页 UI 设计</td>
            <td>AI 设计</td>
        </tr>
        <tr>
            <td>英语</td>
            <td>高数</td>
            <td>C 语言</td>
            <td>网络基础</td>
            <td>网页布局</td>
        </tr>
        <tr>
            <td>下午</td>
            <td>体育</td>
            <td>德育</td>
            <td>Photoshop</td>
            <td>C 语言</td>
            <td>网络基础</td>
        </tr>
    </table>
```

显示效果如图 1-6-6 所示。

图 1-6-6 设置单元格行合并

（2）colspan：列合并，指定单元格所占的列数。

其语法形式如下：

```
<td colspan=" 跨的列数 ">
```

【课堂练习 1-6-4　设置单元格列合并】

打开 Visual Studio Code 软件，在 <body> 标签中输入如下代码：

```
<!-- 创建五行三列的表格 -->
<table>
    <caption> 成绩登记表 </caption>
    <tr>
        <th colspan="3"> 第一学期 </th><!-- 合并单元格 -->
    </tr>
    <tr>
        <td> 姓名 </td>
        <td> 网页布局 </td>
        <td>Photoshop</td>
    </tr>
    <tr>
        <td> 张三 </td>
        <td>90</td>
        <td>92</td>
    </tr>
    <tr>
        <td> 李四 </td>
        <td>80</td>
        <td>72</td>
    </tr>
    <tr>
        <td> 王五 </td>
        <td>84</td>
        <td>78</td>
    </tr>
</table>
```

显示效果如图 1-6-7 所示。

列合并 ×
← C ⓘ 文件 | D:/share/W
成绩登记表
第一学期
姓名 网页布局 Photoshop
张三 90 92
李四 80 72
王五 84 78

图 1-6-7　设置单元格列合并

4. <table> 标签的常用属性

<table> 标签的常用属性见表 1-6-1。

表 1-6-1　　<table> 标签的常用属性

属性	说明
width	定义表格的总宽度
height	定义表格的总高度
border	定义表格边框的宽度，默认值为 0，值为 0 时边框线隐藏，值越大边框线越粗
bordercolor	定义表格边框的颜色
cellpadding	定义单元格的补白，即单元格内容与单元格边框线之间的距离
cellspacing	定义单元格的边界，即单元格与单元格之间的间距
align	定义整个表格的水平对齐方式，参数有 left、center、right
bgcolor	定义表格整体的背景颜色

【课堂练习 1-6-5　设置表格 <table> 标签的各个属性】

打开课堂练习 1-6-4 的代码，对 <table> 标签中的代码进行如下修改：

```
<table border="1" width="300" height="100" bordercolor="#FFF"
cellpadding="5" cellspacing="5" align="center" bgcolor="#CCC">
```

显示效果如图 1-6-8 所示。

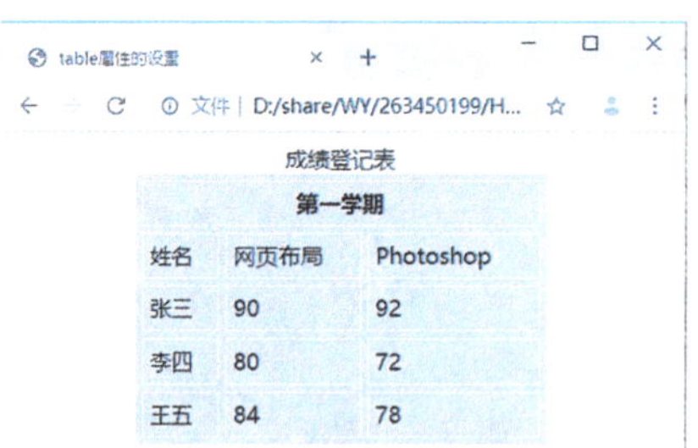

● 图 1-6-8　<table> 标签的属性设置效果

5. <tr> 标签的常用属性

<tr> 标签的常用属性见表 1-6-2。

表 1-6-2　　<tr> 标签的常用属性

属性	说明
height	定义表格行的高度
bgcolor	定义表格行的背景颜色
align	定义行内文字的水平对齐方式，参数有 left、center、right
valign	定义行内文字的垂直对齐方式，参数有 top、middle、bottom

【课堂练习 1-6-6　设置表格行 <tr> 标签的各个属性】

打开课堂练习 1-6-5 的代码，对表格第一、第二行的 <tr> 标签中的代码进行修改：

```
<tr bgcolor="#FFCCFF" height="50" valign="bottom">
    <th colspan="3">第一学期</th><!-- 合并单元格 -->
</tr>
<tr align="center">
    <td>姓名</td>
    <td>网页布局</td>
    <td>Photoshop</td>
</tr>
```

显示效果如图 1-6-9 所示。

图 1-6-9　<tr> 标签的属性设置效果

6. <td> 标签的常用属性

<td> 标签的常用属性见表 1-6-3。

表 1-6-3　**<td> 标签的常用属性**

属性	说明
width	定义单元格的宽度，设置后对当前一列的单元格都有效
height	定义单元格的高度，设置后对当前一行的单元格都有效
bgcolor	定义单元格的背景颜色
align	定义单元格的文字水平对齐方式，参数有 left、center、right
valign	定义单元格的文字垂直对齐方式，参数有 top、middle、bottom
colspan	合并水平方向的单元格，即列合并
rowspan	合并垂直方向的单元格，即行合并

【课堂练习 1-6-7　设置单元格 <td> 标签的各个属性】

打开课堂练习 1-6-6 的代码，对单元格 <td> 标签中的代码进行修改：

```
<tr bgcolor="#FFCCFF" height="50" valign="bottom">
    <th colspan="3">第一学期</th><!-- 合并单元格 -->
</tr>
<tr align="center">
    <td width="80" height="30" bgcolor="#aa00ff" align="left" valign=
"top">姓名</td>
    <td>网页布局</td>
    <td>Photoshop</td>
</tr>
```

显示效果如图 1-6-10 所示。

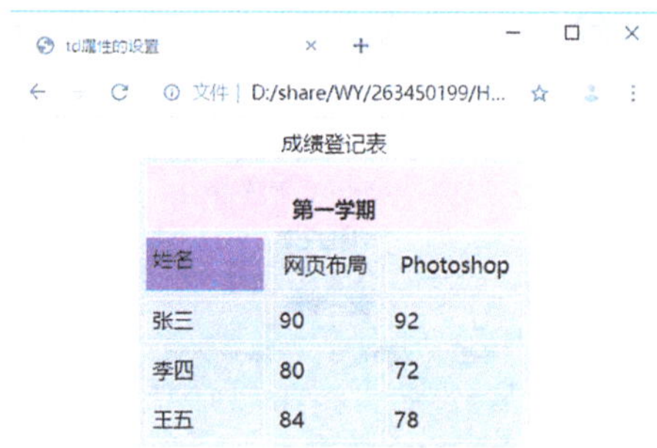

图 1-6-10　<td> 标签的属性设置效果

任务实施

（1）打开任务 5 中的 index.html 文件。

（2）根据任务分析结果，在会员功能代码模块使用表格的表头、正文等 HTML 表格元素完成表格制作。以图 1-6-1 效果图中前两行内容为例，参考代码如下。

```
<table>
    <caption>可以在手机端使用</caption>
<thead>
    <tr>
        <th>#</th>
        <th>特权</th>
        <th>普通用户</th>
        <th>高级会员</th>
    </tr>
</thead>
<tbody>
```

```
    <tr align="center">
        <th>1</th>
        <td> 文件夹，清单，任务和子任务 </td>
        <td> √ </td>
        <td> √ </td>
    </tr>
    <tr align="center">
        <th>2</th>
        <td> 智能清单和自定义智能清单 </td>
        <td> √ </td>
        <td> √ </td>
    </tr>
</tbody>
</table>
```

任务拓展

在平时生活中经常会遇到长表格打印的情况，为了在每页的头尾都打印出表格表头和页脚的标签内容，可在 <table> 标签中配置 thead、tfoot、tbody 元素。扫描右侧二维码，了解相关知识。

任务 7　添加宣传图片

任务目标

1. 能够说出适合在网页中使用的图片格式。
2. 能够比较并指出绝对路径和相对路径的区别。
3. 能够在网页中正确地添加图片并设置属性。

任务描述

本次任务在任务 6 基础上为 D 清单网页添加图片，完成后的效果如图 1-7-1 所示。

图 1-7-1　添加宣传图片后的效果

任务分析

在学习以下知识技能的基础上，完成**网页广告单页宣传图片的插入**。

1. HTML5 图片格式。

2. HTML5 图片的绝对路径和相对路径。

3. 图片的属性。

分析网页效果图可确定该图片所在位置。

知识与技能准备

1. 图片格式

各类网页中的图片不计其数，对网页图片的基本要求是既能保证图片质量，又不至于占用过大的存储空间。网页中主要有 3 种常用格式的图片，分别是 GIF、JPEG、PNG 格式。

（1）GIF 格式

GIF 格式是一种无损的压缩格式，它是靠损失图片的色彩量来减少图片的大小。优点是压缩效率高，几乎不会造成图片质量的损失；并且支持透明，支持动画，适合各种平台使用。缺点是只能处理 256 种颜色，只适用于颜色数量较少的图像。一般情况下，GIF 格式常用于网站的 LOGO、小图标等色彩相对单一的图像。

（2）JPEG（JPG）格式

JPEG（JPG）格式是一种有损压缩格式，它是靠损失图片本身的质量来减少图片的大小，适用于颜色丰富的图像。优点是普及性强，目前几乎所有数码相机都能使用该格式；运用有损压缩方式去除冗余的图像数据，一方面能获得较高的压缩率，另一方面能用较少的存储空间获得较高的图像质量。缺点是一旦去除过多的图像数据，会导致图像失真。

（3）PNG 格式

PNG 格式是一种无损压缩格式。它是通过损失图片的色彩量来减少图片的大小。优点是支持透明，具备了 GIF 格式的大部分优点。在存储灰度图像时，其深度可以达到 16 bit；在存储彩色图像时，其深度可以达到 48 bit。缺点是不支持动画，图像质量较一般，比较适用于颜色数量较少的图像。

三种图片格式的对比见表 1–7–1。

表1-7-1　　三种图片格式对比

图片格式	扩展名	透明性	动画	压缩	使用场景
GIF	.gif	全透明、全不透明	支持	无损	只有256种颜色，适合对颜色要求不高的图形
JPEG（JPG）	.jpeg或.jpg	不支持	不支持	有损	适合网页中的摄影图片和数码相机中的图片
PNG	.png	支持alpha透明	不支持	无损	适用于颜色数量较少的图像，Android资源推荐使用

2. 图片标签<img>

网页中需要插入图片时，可以使用<img>标签进行添加，<img>标签是单标签，一般需要搭配src属性来实现图片的链接，并且以右斜线“/”结束。具体格式为：

```
<img src=" 图片文件的地址 "/>
```

3. 绝对路径和相对路径

在上面的图片标签格式中，src参数用来设置图片文件的地址路径，该路径可以是绝对路径，也可以是相对路径。

（1）绝对路径

绝对路径是指文件在磁盘上真正存在的路径。例如，“ps.jpg”这个图片存放在D盘的images文件夹下，那么该图片的真正存放路径为“D:\images\ps.jpg”。此时，如果要采用绝对路径进行链接，则链接的语句为：

```
<img src="D:\images\ps.jpg"/>
```

（2）相对路径

相对路径是指目标图片文件相对于网页的位置。相对路径可分为以下三种情况。

1）目标图片文件和网页在同个路径下。

此种情况下，链接的地址可直接写出图片的名称。

例如，网页index.html和图片ps.jpg放在同一个文件夹下，则网页链接图片的语句为：

```
<img src="ps.jpg"/>
```

2）目标图片文件在网页的下若干级路径。

此种情况下，链接的地址为从网页文件开始到目标图片文件的路径。

如图1-7-2所示，目标图片“ps.jpg”在网页文件“index.html”的下2级路径，路

径为“images/bg/ps.jpg”，其网页链接图片的语句为：

```
<img src="images/bg/ps.jpg"/>
```

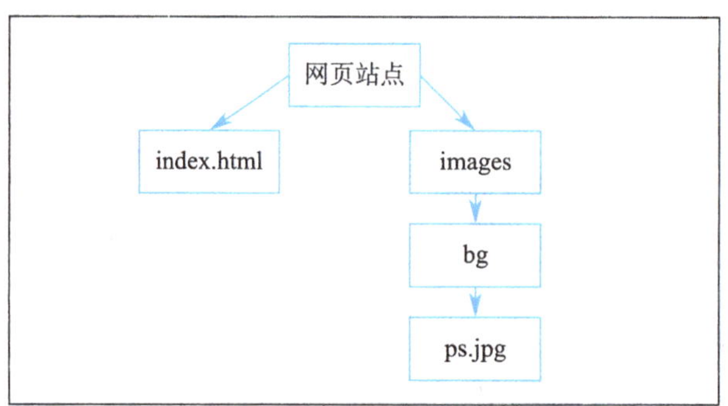

图 1-7-2　相对路径——目标图片文件在网页的下若干级路径

3）目标图片文件在网页的上若干级路径。

此种情况下，链接的地址为从网页文件开始，每返回一级用一个“../”表示。

如图 1-7-3 所示，目标图片“ps.jpg”在网页文件“index.html”的上 2 级路径，路径为“../../ps.jpg”，其网页链接图片的语句为：

```
<img src="../../ps.jpg"/>
```

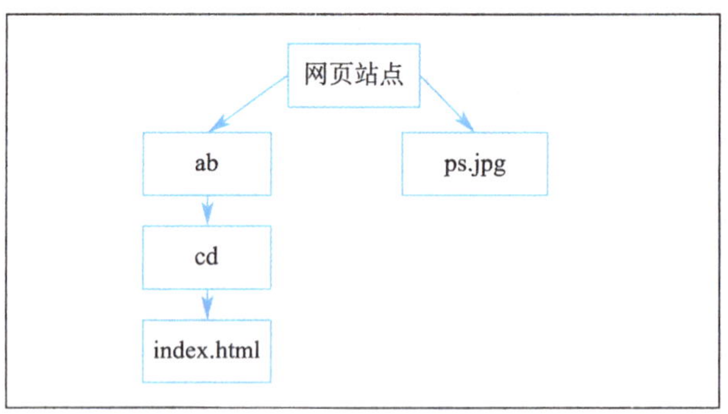

图 1-7-3　相对路径——目标图片文件在网页的上若干级路径

注意：在网页编程时，很少会使用绝对路径，因为使用绝对路径的文件一旦位置发生改变，将导致图片链接失效，这将给网页后期的维护带来极大的不便。使用相对路径时，只要网页文件和图片的相对位置没有变，那么无论上传到 Web 服务器的哪个位置，在浏览器里都能正确地显示图片。

【课堂练习 1-7-1 写出下列相对路径的地址】

文件和图片的绝对路径	网页链接图片的语句（相对路径）
文件：d:\exam\html5\a1.html 图片：d:\exam\html5\ps.jpg	
文件：d:\exam\html5\a1.html 图片：d:\exam\html5\images\ps.jpg	
文件：d:\exam\html5\a1.html 图片：d:\exam\ps.jpg	
文件：d:\exam\html5\mac\a1.html 图片：d:\exam\images\ps.jpg	

4. 图片的属性

（1）图片的大小（width 属性和 height 属性）

在网页中默认添加图片时，图片是原图尺寸。但在日常使用时，往往需要根据网页的需求来调整图片的大小。这时可通过 width 属性和 height 属性来设置图片的宽度和高度。

其语法形式如下：

```
<img src=" 图片文件的地址 " width= 图片的宽度 height= 图片的高度 />
```

【课堂练习 1-7-2 设置图片大小】

打开 Visual Studio Code 软件，在 <body></body> 中输入如下代码：

```
<img src="images/gg.jpg" width="450" height="300"/>
<img src="images/gg.jpg" width="180" height="120"/>
```

显示效果如图 1-7-4 所示。

图 1-7-4 设置图片大小

（2）图片的说明（title 属性）

title 属性是对图片的文字说明，由用户自己定义。把光标移动到图片上并停留，title 属性的值就会以浮动的形式显示出来；在浏览器尚未完全读入图片时，在图片位置处会显示该文字说明。

其语法形式如下：

```
<img src=" 图片文件的地址 " title=" 图片的说明 ">
```

说明：在不同浏览器中，title 属性显示的效果可能略有不同。

【课堂练习 1-7-3　设置图片 title 属性】

打开 Visual Studio Code 软件，在 <body></body> 中输入如下代码：

```
<img src="gg.jpg" title=" 故宫的照片 ">
```

当鼠标指针经过图片并稍作停留时，显示效果如图 1-7-5 所示。

● 图 1-7-5　添加图片 title 属性

（3）图片的替换文本（alt 属性）

在浏览器无法载入图片或图片失效时，替换文本属性会提示读者图片失去的信息。此时，浏览器将显示这个替换文本而不是图片。这样有助于网页开发者及时发现图片的问题，从而及时改正。为页面上的图片全部加上替换文本属性是个良好习惯，这样有助于更好地显示信息以及后期的维护。同时，从搜索引擎的角度上说，alt 属性非常重要，alt 属性的关键字内容将作为网页权重的一部分被计算入内。

其语法形式如下：

```
<img src=" 图片文件的地址 " alt=" 图片的替换文本 ">
```

【课堂练习 1-7-4　设置图片替换文本】

打开 Visual Studio Code 软件，在 <body></body> 中输入如下代码：

```
<img src="gg1.jpg" title="故宫的照片" alt="这里有一张故宫的照片">
```

上面的代码中，因图片名称 gg.jpg 不小心打错成 gg1.jpg，导致图片链接失效，因此无法正常显示图片，取而代之的是图片的替代文本，如图 1-7-6 所示。

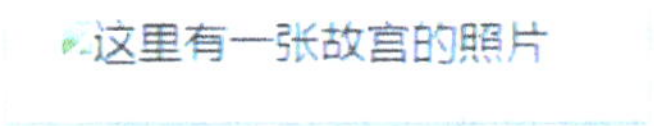

这里有一张故宫的照片

图 1-7-6 添加图片的替换文本

5. 图片使用的注意事项

网页中使用的图片不是越多越好，加载图片是需要时间的，过多的图片会导致网页响应时间过长，从而影响阅读。例如，某个 HTML 文件包含 20 张图片，那么为了正确显示这个页面，需要加载 20 个文件，这将影响网页打开速度。所以，我们要慎用图片。

任务实施

（1）打开任务 6 完成的网页文件 index.html 所在目录，创建一个 img 名称的文件夹，将截取效果图中的 LOGO 图片和宣传图片储存到该目录，分别命名为 logo.png 和 gn1.png。

（2）打开网页文件 index.html，完成 LOGO 图片的添加。

```
<header>
    <a href="#" class='logo' alt="LOGO">
        <img src="img/logo.png">
    </a>
</header>
```

（3）找到内容代码对应位置，完成图片的添加。

```
<section>
    <img src="img/gn1.png" alt="功能界面"/>
</section>
```

（4）完成后运行页面，测试图片是否正常显示，如不能显示图片可重点检查图片的链接路径属性 rsc。

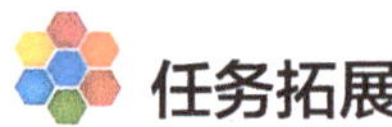

任务拓展

默认情况下，在文字中插入图片，图片的对齐方式是底部对齐，如有需要，可以对图片的对齐方式进行更换。

网页中图片的 3 种常用格式是 GIF、JPG 和 PNG。有时候图片素材不符合以上格式，就需要通过一些软件来进行格式转换。

扫描右侧二维码了解相关知识。

任务 8　添加留言板表单

任务目标

1. 能够叙述网页表单的作用。
2. 能够合理运用表单属性，准确定义不同的表单控件。
3. 能够应用网页表单完成 D 清单网页的留言板内容制作。

任务描述

本次任务要求在任务 7 的基础上添加表单以完成留言板的制作。

任务分析

在学习以下知识技能的基础上，完成**留言板表单的插入**。

1. HTML5 表单的组成。
2. HTML5 表单的属性。
3. <input> 标签、<select> 标签的使用，文本域的创建。

D 清单网页留言板的显示效果及其组成分析如图 1-8-1 所示。

给我留言

Email → 输入 Email

留言内容 → 文本域

提交 → 提交按钮

图 1-8-1　留言板的显示效果及组成分析

知识与技能准备

表单在网页中几乎随处可见，例如，注

册页面中的用户名文本框、密码文本框、性别选择框、联系方式文本框、提交按钮等都是采用表单来进行定义的。表单是网页与用户沟通交流的区域。

1. 表单的组成

在 HTML5 中，通常用 <form></form> 来定义表单，通过 method 属性、action 属性和 name 属性等内容来对表单信息进行收集和传递，最终将用户提交的信息传送给服务器。创建表单的基本语法格式如下：

```
<form 常用属性及值 >
提示信息及各种表单控件内容
</form>
```

在上面的语法格式中，一般标签 form 后面需搭配 action、name、method 等常用属性，分别用于定义 URL 地址、表单名称、提交方式等。在提示信息及各种表单控件内容中，由用户根据实际需要进行自定义。

2. 表单属性

在 HTML5 中，表单需搭配常用的属性来使用，通过设置表单属性可以实现定义 URL 地址、提交方式、自动完成等不同的功能。常用的表单属性如下。

（1）action 属性

action 属性定义在提交表单时执行的动作，action 属性后面的值是提交的地址。向服务器提交表单的通常做法是使用提交按钮，通过提交按钮，表单会被提交到 Web 服务器的网页上。其语法是：

```
<form action=" 表单提交的地址 ">
```

例如，<form action="book_page.php">，当单击提交按钮时，表单所填写的内容会提交到 book_page.php 这个页面进行处理。

注意：如果省略 action 属性，则表单会被提交到当前页面。

（2）method 属性

method 属性规定在提交表单时所用的 HTTP 方法。它的取值有 get 和 post。其语法是：

```
<form method="get/post">
```

当取值为 get 时，浏览器会将表单的数据内容直接传输给服务器。该传输方式的特点是传输速度快，但数据长度不能太长。get 为 method 属性的默认值。

当取值为 post 时，浏览器会分两步来发送表单数据。第一步是浏览器先和 action 属性中指定的处理表单的服务器取得联系，并得到提交允许。第二步是浏览器通过数据和

URL 分开发送的形式，将表单数据发送给服务器。在该传输方式中，由于表单数据和 URL 是分开发送的，因此传输速度比 get 方式慢，但数据传输更安全。

一般情况下，如果表单提交的信息是被动的（如可以通过搜索引擎查询），并且没有敏感信息，那么优先选择 get 方式。因为 get 方式传输较快，并且当使用 get 方式时，表单数据在页面地址栏中是可见的。

考虑传输速度的因素，浏览器会自动设定容量限制，因此 get 方式适合少量数据的提交。

如果表单正在更新数据，不希望被搜索引擎查询到，或者包含敏感信息（如银行卡信息、密码等），那么优先选择 post 方式，安全性更高，被提交的数据在页面地址栏中是不可见的。

（3）name 属性

name 属性用于表单的命名。有时候一个页面可能存在多个表单，为表单进行命名是为了进行区分。虽然 name 属性不是必要属性，但是为了防止多个表单数据提交到服务器引起数据混乱，最好还是根据表单内容为每个表单进行命名。例如，“联系我们”页面的表单一般可以命名为“contact”。name 属性的语法是：

```
<form name=" 用户自定义表单命名 ">
```

（4）autocomplete 属性

autocomplete 属性用来规定所设置的表单是否具有自动完成功能。自动完成功能具有记忆属性，它允许浏览器对表单控件录入的内容进行保存；当下一次需要录入时，浏览器会将之前录入过的值通过下拉列表的形式进行展示，以实现快速录入。图 1-8-2 所示就是开启了自动完成功能后，之前录入过的信息在下一次录入时通过下拉列表的形式进行展示。

autocomplete 属性的值有两个，分别如下。

on：表示该表单开启自动完成功能。

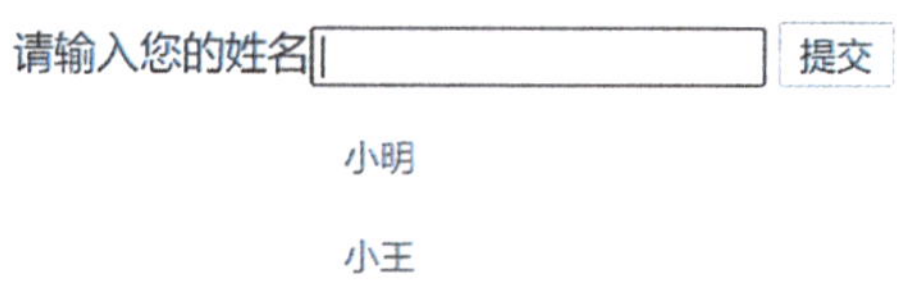

图 1-8-2　开启自动完成功能

off：表示该表单关闭自动完成功能。

其语法是：

```
<form autocomplete="on/off">
```

（5）target 属性

target 属性规定 action 属性中地址的目标。表单提交的信息通过 action 属性传输给服务器，服务器往往会返回提交信息，该提交信息就是通过目标窗口来进行显示的。其语法是：

```
<form target=" 目标窗口的打开方式 ">
```

在该语法中，目标窗口的打开方式有 4 种，分别是 _selt、_blank、_parent、_top，默认值是 _selt。

（6）novalidate 属性

在表单中，默认状态下是要验证表单录入内容的有效性的，如图 1-8-3 所示。novalidate 属性规定表单提交时取消对表单进行有效性的检查。如果表单设置了该属性，则关闭了表单的验证，表单内所有的控件都不被验证。

图 1–8–3 默认验证有效性

【课堂练习 1-8-1 为表单的控件设置取消表单验证】

打开 Visual Studio Code 软件，打开 index.html，在 <body></body> 中输入以下代码：

```
<form novalidate="true">
    请输入您的 E-mail<input type="email" name="email">
    <input type="submit">
</form>
```

通过浏览器进行调试，效果如图 1–8–4 所示。

图 1–8–4 取消了表单有效性验证的状态

【课堂练习 1-8-2 创建表单】

创建一个名为 student 的表单，要求：

（1）表单需提交到地址 www.gdjxjg.com/book.php。

（2）表单数据和 URL 分开发送。

（3）目标窗口打开方式为在新窗口打开。

（4）开启自动完成功能。

打开 Visual Studio Code 软件，打开 index.html，在 <body></body> 中输入以下代码：

```
<form name="student" action=" www.gdjxjg.com/book.php"
method="post" target="_blank" autocomplete="on">
</form>
```

3. 使用 <input> 标签创建表单控件

<input> 是表单中最常见的标签之一，文本框、密码框、单选按钮、复选框等表单控件都可以通过 <input> 标签来进行定义。

<input> 标签中最常见的属性是 type 属性，上面提到的文本框、密码框、单选按钮、复选框等就是通过不同的 type 值而实现的（见表 1–8–1）。除此之外，<input> 标签还有 name、value、size、checked 等其他常见的属性。

表 1-8-1 <input> 标签的 type 属性

属性	属性值	功能描述	效果
type	text	文本框	111
	password	密码域，输入的内容用 * 代替	***
	radio	单选按钮	
	checkbox	复选框	
	button	普通按钮	普通按钮
	reset	重置按钮，数据重置	重新录入
	submit	提交按钮，将表单数据发送给服务器	确认提交
	image	图像域，也称为提交图像按钮	（根据图像不同而不同）
	file	文件域，用于上传文件	选择文件

同时，在 HTML5 中，还增加了多个新的输入类型（见表 1–8–2），这些输入类型一般使用次数相对较少，而且在不同浏览器的显示方式可能略有不同。

表 1-8-2 <input> 标签新增的输入类型

属性	属性值	功能描述	说明
type	color	用于应该包含颜色的输入字段	若浏览器支持，颜色选择器会出现在输入字段中

续表

属性	属性值	功能描述	说明
type	date	用于应该包含日期的输入字段	若浏览器支持，日期选择器会出现在输入字段中
	datetime	允许用户选择日期和时间（有时区）	若浏览器支持，日期选择器会出现在输入字段中
	datetime-local	允许用户选择日期和时间（无时区）	若浏览器支持，日期选择器会出现在输入字段中
	email	用于应该包含电子邮件地址的输入字段	若浏览器支持，能够在被提交时自动对电子邮件地址进行验证
	month	允许用户选择月份和年份	若浏览器支持，日期选择器会出现在输入字段中
	number	用于应该包含数字值的输入字段	可以对数字做出限制；同时根据浏览器支持，限制可应用到输入字段
	range	用于应该包含一定范围内的值的输入字段	若浏览器支持，输入字段能够显示为滑块控件
	search	用于搜索字段（搜索字段的表现类似常规文本字段）	—
	tel	用于应该包含电话号码的输入字段	目前只有 Safari 浏览器支持 tel 类型
	time	允许用户选择时间（无时区）	若浏览器支持，时间选择器会出现在输入字段中
	url	用于应该包含 URL 地址的输入字段	若浏览器支持，在提交时能够自动验证 URL 字段
	week	允许用户选择周和年	若浏览器支持，日期选择器会出现在输入字段中

注意：早期的 Web 浏览器可能不支持以上的输入类型，输入类型会被视为 text。

（1）文本框（text）

文本框常用于输入简短的文字信息，如用户名、账号、身份证号码、学号等，常见搭配的属性有 name、value、maxlength。

其语法形式如下：

```
<input type="text" name=" 控件名称 " size=" 控件长度 " maxlength=" 允许最多的字符数 " value=" 该文本框的默认值 " autocomplete="on/off" placeholder=" 提示信息 ">
```

该语法中涉及很多参数，其中，name 是控件名称，用于区别表单中其他控件，一

般情况下同一个表单中的控件 name 都不同；size 表示的是控件的长度大小，用数字表示，数字越大，控件长度越长；maxlength 用于设置当前文本框允许输入的最大字符数，超过的字符将无法录入；value 表示该文本框的默认值；autocomplete 规定是否开启自动完成功能，当取值为 on 时开启，取值为 off 时关闭；placeholder 为用户提供该文本框录入时的提示信息。

【课堂练习 1-8-3　为表单添加文本框】

打开 Visual Studio Code 软件，打开 index.html，在 <body></body> 中输入以下代码：

```
<form name="form-text" action="text.php" method="get">
    <div>姓名<input type="text" name="name" size="20" maxlength="4">
</div>
    <div>昵称<input type="text" name="nickname" size="20" placeholder=
"请输入您的昵称"></div>
    <div>个人主页<input type="text" name="index" value="http://"
autocomplete="on"</div>
</form>
```

效果如图 1-8-5 所示。

图 1-8-5　文本框效果

（2）密码域（password）

在网页表单信息录入中，往往会录入一些私密的信息，如密码等，这时可以采用密码域 password 属性创建一个密码文本框。它在网页中的效果和文本框（text）是一样的，只不过在录入时，录入的信息由“*”代替。

其语法格式如下：

```
<input type="password" name="控件名称" size="控件长度" maxlength="允许最
多的字符数" value="该文本框的默认值" placeholder="提示信息">
```

该语法中涉及的参数和文本框（text）的基本一样。注意密码域没有 autocomplete 属性，因为密码域涉及的信息都是私密信息。

【课堂练习 1-8-4　为表单添加密码域】

打开 Visual Studio Code 软件，打开 index.html，在 <body></body> 中输入以下代码：

```
<form name="form-password" action="password.php" method="get">
    <div> 原始密码 <input type="password" name="password1" size="20"
maxlength="3" value="123"></div>
    <div> 重设密码 <input type="password" name="password2" size="20"
placeholder=" 请重新设置密码 "></div>
    <div> 再次输入密码 <input type="password" name="password3" size="20"
placeholder=" 请再次输入密码 "></div>
</form>
```

效果如图 1-8-6 所示。

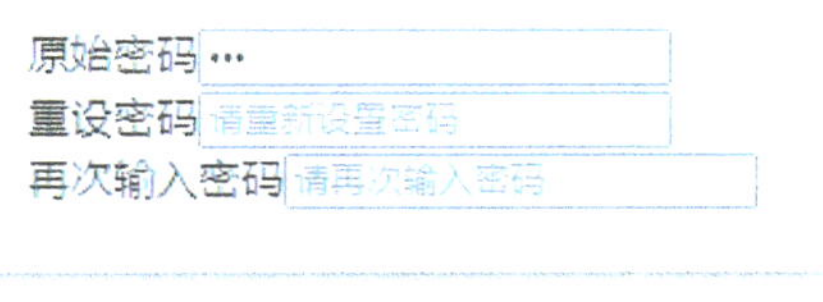

图 1-8-6　密码域效果

（3）单选按钮（radio）

表单中的单选按钮一般用于只选择一个选项的情况。在页面中，以圆圈表示每个选项。单选按钮的属性中，value 属性是必须设置的。

其语法格式如下：

```
<input type="radio" name=" 单选按钮的名称 " value=" 单选按钮的取值 " checked=
"checked">
```

在该语法中，单选按钮的每个选项中 name 的取值必须一致。value 的取值一般情况下不同。checked="checked" 可以不设置或只在选项中出现一次，如果不设置，则没有默认选项；如果某个选项设置了该属性，则该选项被作为默认选项。

【课堂练习 1-8-5　为表单添加单选按钮】

打开 Visual Studio Code 软件，打开 index.html，在 <body></body> 中输入以下代码：

```
<h3> 你最喜欢的水果是什么？ </h3>
<form name="form-radio" action="radio.php" method="get">
    <div><input type="radio" name="r1" value=" 苹果 "> 苹果 </div>
    <div><input type="radio" name="r1" value=" 草莓 "> 草莓 </div>
    <div><input type="radio" name="r1" value=" 橙子 "> 橙子 </div>
</form>
```

效果如图 1-8-7 所示。

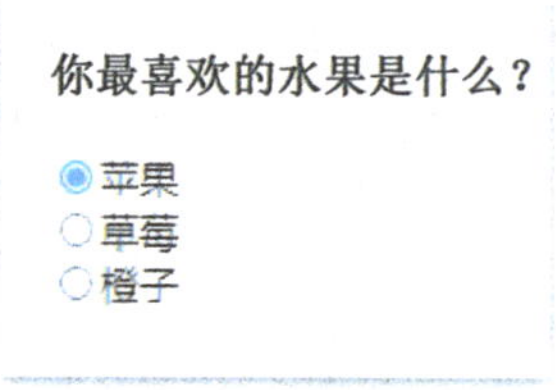

你最喜欢的水果是什么？

苹果
草莓
橙子

图 1-8-7　单选按钮效果

（4）复选框（checkbox）

表单中的复选框一般用于内容可以有多种选择的情况。在页面中，以方框表示每个选项。复选框的属性中，value 属性是必须设置的。

其语法格式如下：

```
<input type="checkbox" name="复选框的名称" value="复选框的取值" checked=
"checked">
```

在该语法中，复选框的每个选项中 name 的取值必须一致。value 的取值一般情况下不同。checked="checked" 可以不设置，也可以在选项中出现多次，如果不设置，则没有默认选项；如果某个选项设置了该属性，则该选项被作为默认选项。

【课堂练习 1-8-6　为表单添加复选框】

打开 Visual Studio Code 软件，打开 index.html，在 <body></body> 中输入以下代码：

```
<h3>你经常吃的水果是什么？</h3>
<form name="form-checkbox" action="checkbox.php" method="get">
    <div><input type="checkbox" name="fruit" value="苹果" checked=
"checked">苹果</div>
    <div><input type="checkbox" name="fruit" value="草莓">草莓</div>
    <div><input type="checkbox" name="fruit" value="橙子" checked=
"checked">橙子</div>
</form>
```

效果如图 1-8-8 所示。

你经常吃的水果是什么？

苹果
草莓
橙子

图 1-8-8　复选框效果

（5）普通按钮（button）

在表单中，type 属性的值为 button 时，就创建了一个普通按钮。普通按钮经常会搭配 JavaScript 脚本来一起使用。

其语法格式如下：

```
<input type="button" name=" 普通按钮的名称 " value=" 按钮的取值 " onclick=" 点
击按钮时的处理程序 ">
```

在该语法中，不同按钮的 name 一般要有所区分；value 的值为按钮上的文字内容；onclick 为鼠标点击按钮时的处理程序，可搭配 JavaScript 脚本。

【课堂练习 1-8-7　为表单添加普通按钮】

打开 Visual Studio Code 软件，打开 index.html，在 <body></body> 中输入以下代码：

```
<h3> 几个不同效果的普通按钮 </h3>
<form name="form-button" action="button.php" method="get">
    <div><input type="button" name="button" value=" 普通按钮 "></div>
    <div><input type="button" name="open" value=" 打开新窗口 "
onclick="window.open()"></div>
    <div><input type="button" name="close" value=" 关闭当前窗口 "
onclick="window.close()"></div>
</form>
```

效果如图 1-8-9 所示。

图 1-8-9　普通按钮效果

在这个例子中，单击“普通按钮”时没有变化；单击“打开新窗口”按钮时会自动弹出一个浏览器新窗口（或新标签页）；单击“关闭当前窗口”按钮时会自动关闭当前窗口。

注意：某些浏览器因为自身处理机制的原因，不允许关闭当前窗口。

（6）重置按钮（reset）

重置按钮在表单中的作用是重置已经录入的表单内容。当用户录入的表单信息有误时，可单击重置按钮，重新录入。

其语法格式如下：

```
<input type="reset" name=" 重置按钮的名称 " value=" 重置按钮的取值 ">
```

（7）提交按钮（submit）

通过提交按钮，可以将表单录入的全部数据提交到服务器。服务器的地址为事先设置好的 form 属性 action 值中的地址。

其语法格式如下：

```
<input type="submit" name=" 提交按钮的名称 " value=" 提交按钮的取值 ">
```

说明：一般需要手动录入信息的表单中都包含提交按钮。

【课堂练习 1-8-8　为表单添加重置按钮和提交按钮】

打开 Visual Studio Code 软件，打开 index.html，在 <body></body> 中输入以下代码：

```
<h3> 重置按钮和提交按钮 </h3>
    <form name="form-reset" action="do.php" method="get">
    <div> 姓名：<input type="text" name="text" size="20"></div>
    <div> 密码：<input type="password" name="password" size="20"></div>
    <div><input type="reset" name="reset" value=" 重新录入 "></div>
    <div><input type="submit" name="submit" value=" 确认提交 "></div>
</form>
```

效果如图 1-8-10 所示。

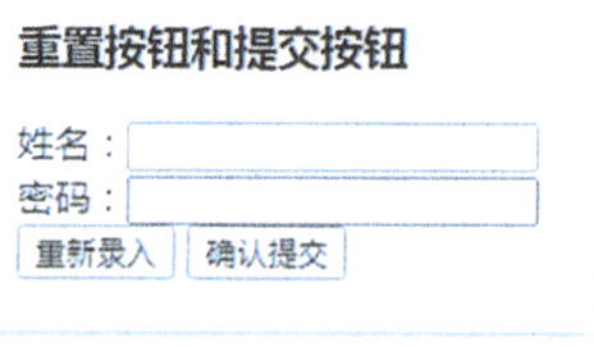

● 图 1-8-10　重置按钮和提交按钮效果

（8）图像域（image）

图像域也称为插入图像按钮，用于将图像文件作为按钮来使用。

其语法格式如下：

```
<input type="image" src=" 图像地址 " name=" 图像域名称 ">
```

该语法中，src 后面的图像地址可以是链接本地图像的相对路径，也可以是链接外部 URL 的绝对路径。

（9）文件域（file）

文件域也称为文件上传按钮，它可以将本地的某个文件作为表单数据进行上传。

其语法格式如下：

```
<input type="file" name=" 文件域的名称 " multiple="multiple">
```

该语法中，multiple 为非必要属性，该属性规定输入字段可选择多个值。如果使用该属性，则字段可接受多个值，即 multiple="multiple" 相当于允许同时上传多个文件，如图 1-8-11 所示。

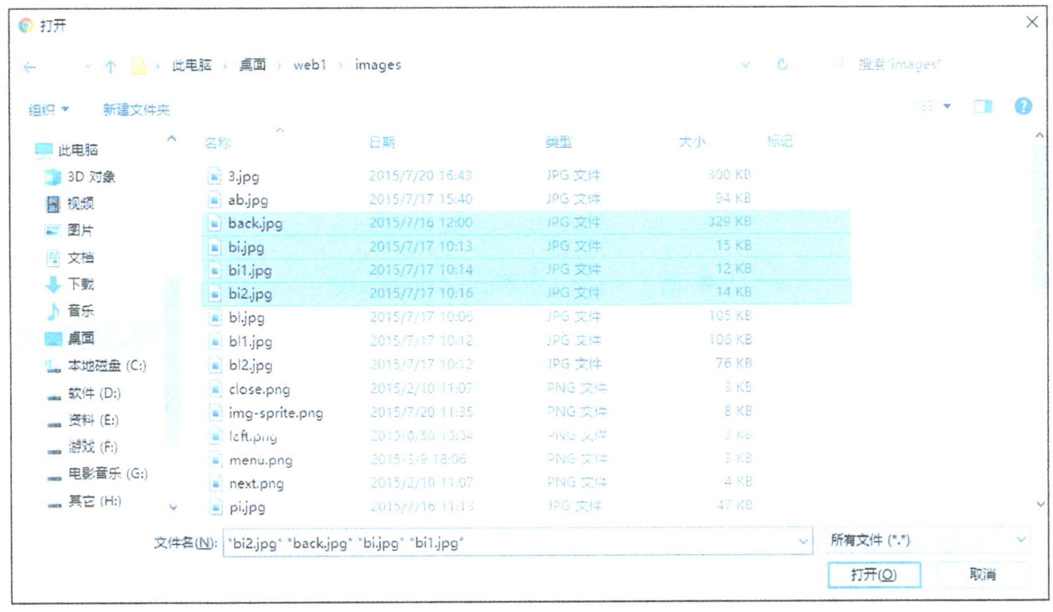

● 图 1-8-11 上传多个文件

【课堂练习 1-8-9 表单控件的综合应用】

打开 Visual Studio Code 软件，打开 index.html，在 <body></body> 中输入以下代码：

```
<h3> 注册信息 </h3>
<form name="form" action="book.php" method="get">
    <div> 姓名：<input type="text" name="text" size="20"></div>
    <div> 密码：<input type="password" name="password" size="20"></div>
    <div> 性别：<input type="radio" name="radio" value=" 男 "> 男
    <input type="radio" name="radio" value=" 女 "> 女 </div>
    <div> 兴趣爱好：<input type="checkbox" name="checkbox" value=" 运动 ">
运动
            <input type="checkbox" name="checkbox" value=" 阅读 "> 阅读
```

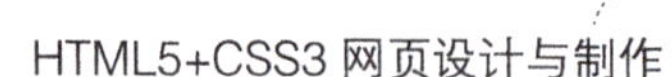


```
            <input type="checkbox" name="checkbox" value=" 艺术 "> 艺术
    </div>
    <div> 请上传你的照片 <input type="file" name="file"></div>
    <div><input type="reset" name="reset" value=" 重新录入 ">
    <input type="submit" name="submit" value=" 确认提交 "></div>
</form>
```

效果如图 1-8-12 所示。

● 图 1-8-12　表单控件的综合应用

4. 使用 <select> 标签创建表单控件

一般来说，<input> 标签用于需要用户输入的控件，而 <select> 标签用于需要用户选择的控件。

（1）下拉菜单

下拉菜单是表单中一种由用户进行选择的录入方式，在正常状态下只能看到一个选项，单击旁边的三角形箭头时，会展开全部的选项。<select> 标签需搭配 <option> 标签来使用。

其语法格式如下：

```
<select name=" 下拉菜单名称 ">
    <option value=" 选项 1" selected="selected"> 选项显示内容 </option>
    <option value=" 选项 2"> 选项显示内容 </option>
    <option value=" 选项 3"> 选项显示内容 </option>
    ……
</select>
```

在该语法中，每一对 <option></option> 表示一个选项；每个选项的 value 取值为选择该项内容需提交给服务器的信息；selected="selected" 表示该选项是默认选中的，该设置只能在下拉菜单出现一次，并且如果没有该设置，则默认为选中第一项。

【课堂练习 1-8-10　为表单添加下拉菜单】

打开 Visual Studio Code 软件，打开 index.html，在 <body></body> 中输入以下代码：

```
<h3> 下拉菜单 </h3>
<form name="form-select" action="select.php" method="get">
    籍贯：<select name="select">
        <option value=" 广州 " selected="selected"> 广州 </option>
        <option value=" 深圳 "> 深圳 </option>
        <option value=" 珠海 "> 珠海 </option>
        <option value=" 中山 "> 中山 </option>
    </select>
</form>
```

效果如图 1-8-13 所示。

下拉菜单

籍贯： 广州

● 图 1-8-13　下拉菜单效果

（2）列表项

列表项的设置和下拉菜单类似，区别是列表项没有下拉菜单的三角形箭头，它可以同时显示多个选项。一旦选项数量超出信息量长度，在列表的右方就会出现滚动条。

其语法格式如下：

```
<select name="select" size=" 显示的选项列数 " multiple="multiple">
    <option value=" 选项 1" selected="selected"> 选项显示内容 </option>
    <option value=" 选项 2"> 选项显示内容 </option>
    <option value=" 选项 3"> 选项显示内容 </option>
    ……
</select>
```

在该语法中，multiple="multiple" 表示可以同时选中多个选项；每一对 <option></option> 表示一个选项；每个选项的 value 取值为选择该项内容需提交给服务器的信息；selected="selected" 表示该选项是默认选中的，该设置可以在该列表项出现一次或多次，如果没有该设置，则默认不选中。

【课堂练习 1-8-11　为表单添加列表项】

打开 Visual Studio Code 软件，打开 index.html，在 <body></body> 中输入以下代码：

```
<h3> 列表项 </h3>
<form name="form-select" action="select.php" method="get">
    关注的新闻分类：<select name="select" size="3" multiple="multiple">
        <option value=" 政治 " selected="selected"> 政治 </option>
```

```
        <option value=" 军事 " selected="selected"> 军事 </option>
        <option value=" 体育 "> 体育 </option>
        <option value=" 娱乐 "> 娱乐 </option>
    </select>
</form>
```

效果如图 1–8–14 所示。

列表项

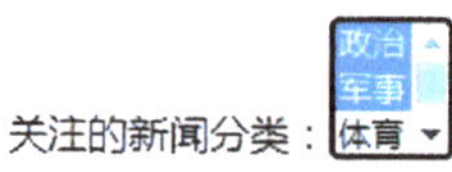

● 图 1–8–14　列表项效果

5. 创建文本域

除了 <input> 和 <select> 标签外，还有一种特殊的文本样式，称为文本域。文本域和文本框的区别是：文本框一般只用于录入少量的文字信息，而文本域可以录入更多的文字。文本域在网页中常用于填写留言信息等。

其语法格式如下：

```
<textarea name=" 文本域名称 " rows=" 行数 " cols=" 列数 " placeholder=" 提示信息 ">
</textarea>
```

该语法中，rows 是指文本域的行数，也就是高度，文本内容如果超出范围将会出现滚动条；cols 是指文本域的列数，也就是宽度。在文本域中，设置的 rows 和 cols 在浏览器显示中并不固定，用户可以随意拖动大小。如果要固定大小，需要用到 CSS 样式中的 width、height 等进行设置。placeholder 的值为提示信息文字，当开始录入文字时，该提示信息就会消失。

【课堂练习 1–8–12　为表单添加文本域】

打开 Visual Studio Code 软件，打开 index.html，在 <body></body> 中输入以下代码：

```
<h3> 反馈建议：</h3>
<form name="form-select" action="select.php" method="get">
    <textarea name="textarea" rows="10" cols="30" placeholder=" 请输
入您宝贵的意见 ">
    </textarea>
</form>
```

效果如图 1–8–15 所示。

反馈建议：

请输入您宝贵的意见

● 图 1-8-15 文本域效果

任务实施

（1）打开 Visual Studio Code 软件，打开任务 7 完成的网页文件 index.html。

（2）完成“给我留言”表单的添加。

```
<section>
<h3> 给我留言 </h3>
<form name="notice" action="#" method="get">
    <div>
        <input type="email" placeholder="E-mail">
    </div>
    <div>
        <textarea rows="3" placeholder=" 留言内容 "></textarea>
    </div>
    <div>
        <input type="submit" name="submit" value=" 提交留言 ">
    </div>
</form>
</section>
```

任务拓展

在对表单进行定义时，还常用到 fieldset、legend 和 label 三个元素。扫描右侧二维码了解相关知识。

任务 9　添加宣传视频

任务目标

1. 能够叙述 video 元素支持的三种视频格式及支持的浏览器。
2. 能够利用 video 元素在网页中添加并显示视频。
3. 能够叙述 audio 元素支持的三种音频格式及支持的浏览器。
4. 能够利用 audio 元素在网页中添加并播放音频。

任务描述

视频和音频技术已经被越来越广泛地应用到网页设计中，为了更好地展示网页效果，本次任务在 D 清单网页中添加宣传视频。

任务分析

在学习以下知识技能的基础上，完成**网页宣传视频的嵌入**。

1. HTML5 视频格式和音频格式。
2. HTML5 视频和音频的嵌入。

D 清单网页中宣传视频的效果及其组成分析如图 1-9-1 所示。

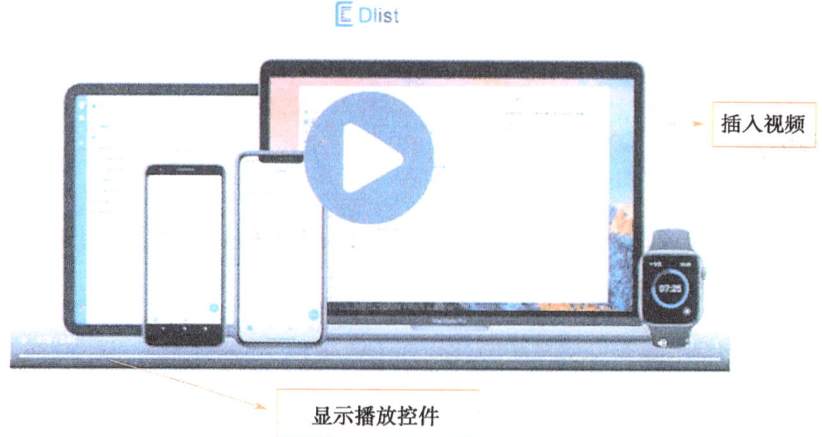

图 1-9-1　宣传视频的显示效果及组成分析

知识与技能准备

1. Web 上的视频

（1）视频的格式

视频格式包含视频编码、音频编码和容器格式。目前，HTML5 支持三种视频格式，分别是 Ogg 格式、MPEG4 格式、WebM 格式。三种格式具体情况如下。

Ogg 格式带有 Theora 视频编码和 Vorbis 音频编码。

MPEG4 格式带有 H.264 视频编码和 AAC 音频编码。

WebM 格式带有 VP8 视频编码和 Vorbis 音频编码。

（2）支持视频的浏览器

目前，很多主流浏览器已经实现了对 HTML5 视频格式的支持，主流的五大浏览器 IE、Firefox、Opera、Chrome、Safari 对三种视频格式的支持情况见表 1-9-1。

表 1-9-1　五大浏览器对三种视频格式的支持情况

格式 \ 支持情况 \ 浏览器	IE	Firefox	Opera	Chrome	Safari
Ogg	不支持	3.5 及以上版本支持	10.5 及以上版本支持	5.0 及以上版本支持	不支持
MPEG4	9.0 及以上版本支持	不支持	不支持	5.0 及以上版本支持	3.0 及以上版本支持
WebM	不支持	4.0 及以上版本支持	10.6 及以上版本支持	6.0 及以上版本支持	不支持

在不同浏览器上，显示的视频效果是略有不同的，这是因为不同浏览器对内置视频控件样式的定义不同，从而导致了播放控件的显示样式不同。其效果对比如图 1-9-2 和图 1-9-3 所示。

从这两个图可以看出，不同浏览器显示的视频主要是控件布局以及样式方面有所不同。

（3）嵌入视频

在 HTML5 中，<video> 标签用于定义视频的标准，它支持 Ogg 格式、MPEG4 格式、WebM 格式，其基本语法格式如下：

```
<video src=" 视频文件的路径 "></video>
```

图 1-9-2　Chrome 浏览器显示的视频

图 1-9-3　Firefox 浏览器显示的视频

（4）video 属性

video 除了必备的 src 属性外，还有 autoplay、loop、preload、controls、width 和 height 几个属性。

1）autoplay 属性

autoplay 表示当页面加载完成后自动播放，取值同样为 autoplay。其语法格式如下：

```
<video src=" 视频文件的地址 "autoplay="autoplay">
```

2）loop 属性

loop 是视频结束时重新开始播放，即循环播放，取值同样为 loop。其语法格式如下：

```
<video src=" 视频文件的地址 " loop="loop">
```

3）preload 属性

preload 是一个比较特殊的属性，该属性和 autoplay 属性冲突。preload 属性表示视频在网页页面加载的过程中也进行加载，并预备播放。如果 autoplay 属性同时存在，系统会将 preload 属性自动忽略。其语法格式如下：

```
<video src=" 视频文件的地址 " preload="preload">
```

4）controls 属性

controls 用于显示播放控件，如按钮等。其语法格式如下：

```
<video src=" 视频文件的地址 " controls="controls">
```

5）width 和 height 属性

width 和 height 用于设置视频播放器的宽度和高度。

【课堂练习 1-9-1　嵌入视频】

要求：在 HTML5 中插入视频 women.mp4，设置该视频加载完毕后自动播放，并重复播放，显示播放控件。

打开 index.html，在 <body></body> 中输入以下代码：

```
<video src="women.mp4" autoplay controls="controls" loop="loop">
    你的浏览器不支持该视频格式!
</video>
```

说明：src 后的地址为视频文件的相对路径地址，autoplay 为自动播放，controls="controls" 为显示播放控件，loop="loop" 为重复播放。文字“你的浏览器不支持该视频格式!”是当浏览器不支持该视频格式时显示的提醒文字，正常显示的情况下该文字不出现。用 Chrome 浏览器进行播放的显示效果如图 1-9-4 所示。

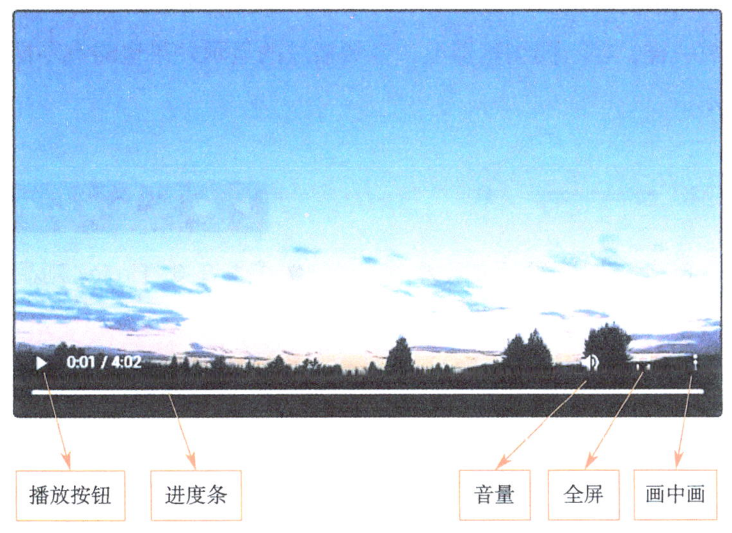

图 1-9-4 视频效果

2. Web 上的音频

（1）音频的格式

目前，HTML5 支持三种音频格式，分别是 Ogg Vorbis 格式、MP3 格式、Wav 格式。三种格式具体情况如下。

Ogg Vorbis 是一种免费、开源的音频编码。

MP3 是一种常见的音频压缩技术，用来大幅度降低音频数据量，是目前主流的音频压缩格式。

Wav 是录音时用的标准 Windows 文件格式，是一种无损的音乐格式。

（2）支持音频的浏览器

目前，很多主流浏览器已经实现了对 HTML5 音频格式的支持，主流的五大浏览器 Internet Explorer（简称 IE）、Firefox、Opera、Chrome、Safari 对三种音频格式的支持情况

见表 1–9–2。

表 1–9–2　　　　五大浏览器对三种音频格式的支持情况

浏览器 / 支持情况 / 格式	IE 9	Firefox 3.5	Opera 10.5	Chrome 3.0	Safari 3.0
Ogg Vorbis		√	√	√	
MP3	√			√	√
Wav		√	√		√

说明：以上列举的浏览器为最低要求的版本，建议使用最新版的浏览器。

同视频播放一样，在不同浏览器上，音频播放的显示效果也略有不同，如图 1–9–5 和图 1–9–6 所示。

图 1–9–5　Chrome 浏览器显示的音频

图 1–9–6　Firefox 浏览器显示的音频

（3）嵌入音频

在 HTML5 中，<audio> 标签用于定义音频的标准，它支持 Ogg Vorbis 格式、MP3 格式、Wav 格式，其基本语法格式如下：

```
<audio src=" 音频文件的路径 "></audio>
```

（4）audio 属性

audio 除了必备的 src 属性外，还有 autoplay、loop、preload、controls 四个属性，其用法和 video 中的属性一致。

【课堂练习 1–9–2　嵌入音频】

插入一个音频文件 music.mp3，要求设置网页加载完整音频成功后准备播放，显示音频控件，音频结束后重新播放。

打开 index.html，在 <body></body> 中输入以下代码：

```
<audio src="music.mp3" preload="auto" controls="controls" loop="loop">
    你的浏览器不支持该音频格式!
</audio>
```

说明：src 后的地址为音频文件的相对路径地址，preload="auto" 为网页加载完整音频成功后准备播放，controls="controls" 为显示播放控件，loop="loop" 为重复播放。文字“你的浏览器不支持该音频格式!”是当浏览器不支持该音频格式时显示的提醒文字，正常显示的情况下该文字不出现。用 Chrome 浏览器进行播放的效果如图 1-9-7 所示。

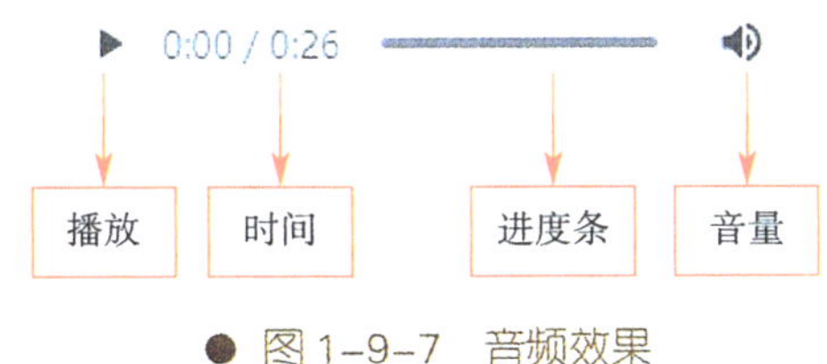

图 1-9-7 音频效果

任务实施

（1）打开任务 8 完成的网页文件 index.html 所在目录，创建一个 video 名称的文件夹，并将视频储存到该目录。

（2）打开网页文件 index.html，完成宣传视频的添加。在视频或音频添加中，添加的本地视频或音频最好采用相对路径，以便后期的维护；同时，一般都设置显示播放控件，即 controls="controls"。

```
<section>
    <video class="video" src="video/video.mp4" controls="controls">
    </video>
</section>
```

（3）运行页面，测试视频能否正常播放。

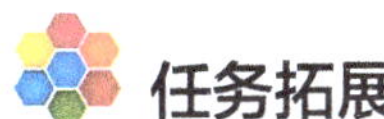

任务拓展

在网络上，有时候我们会看到一些喜欢的多媒体文件。如果希望把这些文件用到自己的网页上，一般有两种方法。一种是先下载该多媒体文件，然后通过本地多媒体文件的形式进行嵌入；另一种是直接调用网络 URL 地址的多媒体文件。扫描右侧二维码了解相关知识。

第二阶段
使用 CSS3 设置网页格式

任务 10　为网页添加 CSS 样式表

任务目标

1. 能够叙述 CSS 的概念。
2. 能够使用内嵌样式和外部样式为网页添加 CSS 样式表。
3. 能够使用 CSS 标签选择符选择目标标签，使用正确的语法格式编写样式代码。
4. 能够使用 CSS 设置文字的大小、颜色和加粗效果。

任务描述

本次任务在上一阶段完成的 D 清单网页内容基础上，使用外部样式为网页添加 CSS 样式表并使用 CSS 样式设置整个页面通用的文字大小样式效果。

设置完成后的效果如图 1-10-1 所示。

● 图 1-10-1　本任务设置页面通用文字大小后的效果

任务分析

在学习以下知识技能的基础上，**使用外部样式为网页添加 CSS 样式表，使用 CSS 设置整个页面通用的文字大小样式效果。**

1. CSS 的概念。
2. CSS3 的基本语法。
3. 引入 CSS 样式的方法。

D 清单页面效果图中文字大小分析如图 1-10-2 所示。

知识与技能准备

一个美观、简约的页面以及高访问量的网站是网页设计者的追求。但是，仅仅通过 HTML5 来实现是非常困难的。HTML5 仅仅定义了网页的结构，对于文本样式没有过多涉及。这就需要一种技术，对页面布局、字体、颜色、背景和其他图文效果的实现提供更加精确的控制，这种技术就是 CSS。

1. 认识 CSS

CSS（Cascading Style Sheet）中文称为层叠样式表，其文件扩展名为 .css。CSS 是用于增强或控制网页样式并允许将样式信息与网页内容分离的一种标记性语言。

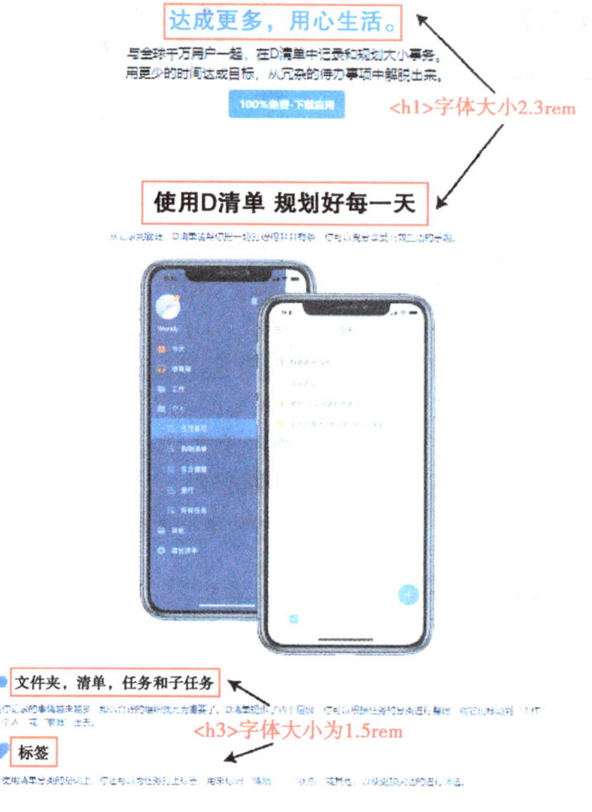

图 1-10-2　效果图中文字大小的分析

引用样式表的目的，是将“网页结构代码”和“网页样式风格代码”分离开，从而使网页设计者可以对网页布局进行更多的控制。利用样式表，可以将整个站点上的所有网页都指向某个 CSS 文件，然后设计者只需要修改 CSS 文件中的某一行，整个网站上对应的样式就都会随之发生变化。

2. CSS3 的基础语法

CSS3 是 CSS 的升级版本，在当前网页设计中应用广泛。CSS3 样式表是由若干条样式规则组成的，这些规则可以应用到不同的元素或文档，以定义它们显示的外观。

每个样式包含两部分内容——选择器和声明（或称为规则），如图 1-10-3 所示。

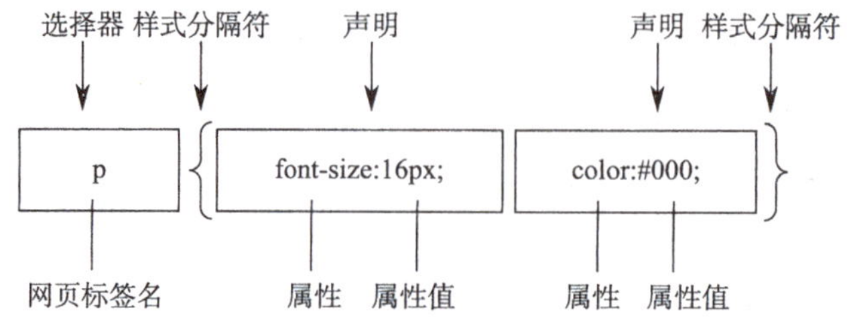

图 1-10-3　CSS 样式基本格式

（1）选择器（Selector）

选择器用于指定样式作用于哪些对象，这些对象可以是某个标签、指定 Class 或 ID 值的元素等。浏览器在解析这个样式时，根据选择器来渲染对象的显示效果。

（2）声明（Declaration）

声明用于指定浏览器如何渲染选择器匹配的对象。声明包括属性和属性值两部分，并用分号来标识一个声明的结束，在一个样式中最后一个声明可以省略分号。所有声明被放置在一对大括号内，位于选择器的后面。

（3）属性（Property）

属性是 CSS 预设的样式选项。属性名由一个单词或多个单词组成，多个单词之间通过连字符相连，这样能够很直观地了解属性所要设置样式的类型。

（4）属性值（Value）

属性值用于定义显示效果的值，包括值和单位；或者仅定义一个关键字。

3. 引入 CSS 样式

在网页中，有行内样式、内嵌样式和外部样式三种方法可以正确引入 CSS 样式，让浏览器能够识别和解析。

（1）行内样式

把 CSS 样式代码添加到 HTML5 的标记中，即作为 HTML5 标记的属性标记存在。例如：

```
<p style="color:red">红色字体</p>
```

这种用法没有真正把 HTML 结构与 CSS 样式分离，一般不建议大规模使用，除非为页面中某个元素临时设置特定样式。

（2）内嵌样式

将 CSS 样式代码添加到 <head> 与 </head> 标签之间，并且用 <style> 和 </style> 标记进行声明。例如：

```
<head>
    <meta charset="utf-8">
    <title>使用 CSS3 样式</title>
    <style>
        p{
            color:red;      /*字体为红色*/
            font:16px;      /*字体大小为 16px*/
        }
    </style>
</head>
```

这种用法也称为网页内部样式，适合为单页面定义 CSS 样式，不适合为一个网站或多个页面定义样式。其中“/* 字体为红色 */”等为 CSS 的注释。

【课堂练习 1-10-1　使用 CSS 样式设置文字】

打开 Visual Studio Code 软件，输入以下代码：

```
<!doctype html>
<html>
    <head>
        <meta charset="utf-8">
        <title>使用 CSS3 样式 </title>
        <!--CSS 样式 -->
        <style>
            h1{
                text-align:center;    /* 字体居中 */
            }
            p{
                color:blue;    /* 字体为蓝色 */
            }
        </style>
    </head>
    <body>
            <h1>CSS 样式 </h1>
            <p> 内嵌样式 </p>
            <p> 适合为单页面定义 CSS 样式，不适合为一个网站或多个页面定义样式。
</p>
    </body>
</html>
```

显示效果如图 1-10-4 所示。

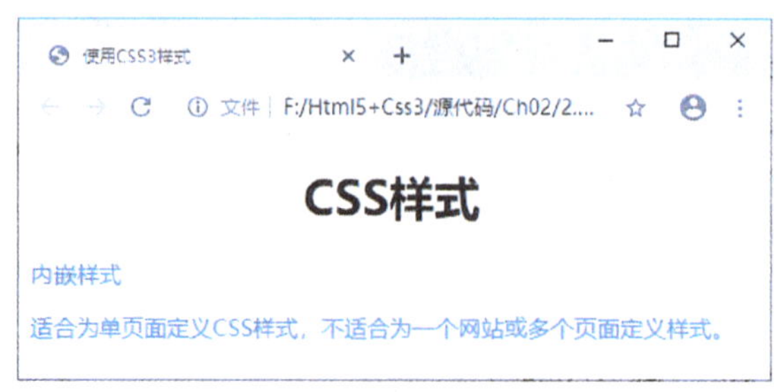

● 图 1-10-4　使用内嵌样式的效果

（3）外部样式

外部样式是把样式放在独立的文件中，然后使用 <link> 标签或者 @import 关键字导入，一般网站都采用这种方法来设计样式，真正实现 HTML 结构和 CSS 样式的分离，以便统筹规划、设计、编辑和管理 CSS 样式。

1）使用 <link> 标签

使用 <link> 标签导入外部样式表文件的代码如下：

```
<link rel="stylesheet" type="text/css" href="001.css">
```

rel：用于定义文档关联，这里表示关联样式表。

type：定义导入文件类型，同 style 元素一样。

href：指定 CSS 样式表所在的位置，此处表示当前路径下名称为 001.css 的文件。这里使用的是相对路径，如果 HTML 文档和 CSS 样式表没有在同一路径下，则需要指定样式表的绝对路径或引用位置。

2）使用 @import 关键字

在 <style> 标签内使用 @import 关键字导入外部样式表文件的方法如下：

```
<style type="text/css">
  @import url("001.css");
</style>
```

使用 @import 关键字导入样式表，在 HTML5 文件初始化时，会被导入 HTML5 文件内，作为文件的一部分，类似于内嵌效果。而使用 <link> 标签导入样式表是在 HTML5 标记需要样式风格时才以链接方式引入。

【课堂练习 1-10-2 使用链接样式】

打开 Visual Studio Code 软件，输入以下代码：

```
<!doctype html>
<html>
    <head>
        <meta charset="utf-8">
        <title>使用 CSS3 样式 </title>
        <link rel="stylesheet" type="text/css" href="a1.css">
    </head>
    <body>
            <h1>CSS 样式 </h1>
            <p> 内嵌样式 </p>
            <p> 适合为单页面定义 CSS 样式，不适合为一个网站或多个页面定义样式。
</p>
    </body>
</html>
```

在 HTML 同一路径下，新建 HTML 对应的 CSS 文件（命名为 a1.css），输入如下代码：

```
p{color:blue;}                /* 字体蓝色 */
h1{text-align:center;}       /* 字体居中 */
```

显示效果如图 1-10-4 所示。

4. CSS 选择器

CSS 选择器用于指定样式设置对应的目标，CSS 选择器写法多样，可针对同种标签进行统一设置，也可针对指定标签进行设置。

这里先介绍标签选择器，标签选择器也称为类型选择器，它直接引用 HTML 标签名称，用来匹配同名的所有标签。例如，p 选择器就是用于声明页面中所有 <p> 标记的样式风格。

语法：tagName {property: value}

其中，tagName 表示标记名称，如 p、h1 等 HTML 标记；property 表示 CSS 的属性；value 表示 CSS 的属性值。

5. CSS 样式效果

CSS 样式效果用于设置不同的标签样式，格式为“属性名 : 值 1　值 2　…;”。下面介绍几种常用的文字格式效果。

（1）文字大小：font-size

在 CSS 样式中，可以通过设置 font-size 属性来控制字体的大小。

语法：font-size: 字体大小 ;

在设置字体大小时，可以使用绝对单位，也可以使用相对单位。

绝对单位所定义的字体大小是固定的，大小显示效果不会受到外界因素影响。例如，in（inch，英寸）、cm（centimeter，厘米）、mm（millimeter，毫米）、pt（point，印刷的点数）、pc（pica，1 pc=12 pt）。此外，xx-small、x-small、small、medium、large、x-large、xx-large 这些关键字也是绝对单位。

相对单位所定义的字体大小一般是不固定的，会根据外界环境而不断发生变化。例如：

1）px（pixel，像素），根据屏幕像素点的尺寸变化而变化。因此，不同分辨率的屏幕所显示的像素字体大小也是不同的，屏幕分辨率越大，相同像素字体就显得越小。

2）em，相对于父元素字体的大小来定义字体大小。例如，如果父元素字体大小为 12 px，而子元素的字体大小为 2 em，则实际大小应该为 24 px。

3）ex，相对于父元素字体的 x 高度（即 x-Height，指给定字体中，任何给定尺寸下小写字母 x 的高度）来定义字体的大小，因此 ex 单位大小既取决于字体的大小，也取决于字体类型。在固定大小的情况下，实际的 x 高度将随字体类型不同而不同。

4）%，以百分比的形式定义字体大小，它与 em 效果相同，相对于父元素字体的大小来定义字体大小。

5）larger 和 smaller，这两个关键字将以父元素的字体大小为参考进行换算。

（2）文字颜色：color

CSS 使用 color 属性来定义字体颜色。

语法：color: 颜色值；

在 CSS 样式中颜色值的表示方法有多种，见表 1-10-1。

表 1-10-1　color 属性

属性值	说明
color_name	规定颜色值为颜色名称的颜色，如 red
hex_number	规定颜色值为十六进制值的颜色，如 #ff0000
rgb_number	规定颜色值为 RGB 代码的颜色，如 rgb (255, 0, 0)
inherit	规定应该从父元素继承颜色
hsl_number	规定颜色值为 HSL 代码的颜色，如 hsl (0, 75%, 50%)
hsla_number	规定颜色值为 HSLA 代码的颜色，如 hsla (120, 50%, 50%, 1)
rgba_number	规定颜色值为 RGBA 代码的颜色，如 rgba (125, 10, 45, 0.5)

（3）文字加粗：font-weight

通过 CSS 中的 font-weight 属性，可以定义字体的粗细程度。

语法：font-weight: 100 ~ 900 | normal | bold | bolder | lighter;①

粗度数值：100、200、300、400、500、600、700、800、900，用数字表示文本字体粗细。

normal：正常的字体。相当于数字值 400。

bold：粗体。相当于数字值 700。

bolder：定义相对于父标签更粗的值。

lighter：定义相对于父标签更细的值。

① 描述语法时，符号“|”用于表示该属性能够选用的属性值类型，如此例中 font-weight 属性可根据需要选用所列 5 种属性值中的一种。

【课堂练习 1-10-3　使用 CSS 设置文字样式】

打开 Visual Studio Code 软件，输入如下标签：

```
<div>
    <p>HTML5</p>
    <span>HTML5</span>是构建 Web 内容的一种语言描述方式。HTML5 是互联网的下一代标准，是构建以及呈现互联网内容的一种语言方式，被认为是互联网的核心技术之一。HTML 产生于 1990 年，1997 年 HTML4 成为互联网标准，并广泛应用于互联网应用的开发。
</div>
```

设置 <div> 内的字体大小为 20 px，<p> 字体大小为父标签的 1.5 倍，字体加粗，<span> 字体颜色为红色。CSS 样式设置如下：

```
<style>
    div{font-size:20px;}
    p{
        font-size:1.5em;
        font-weight:bold;
    }
    span{color:red;}
</style>
```

显示效果如图 1-10-5 所示。

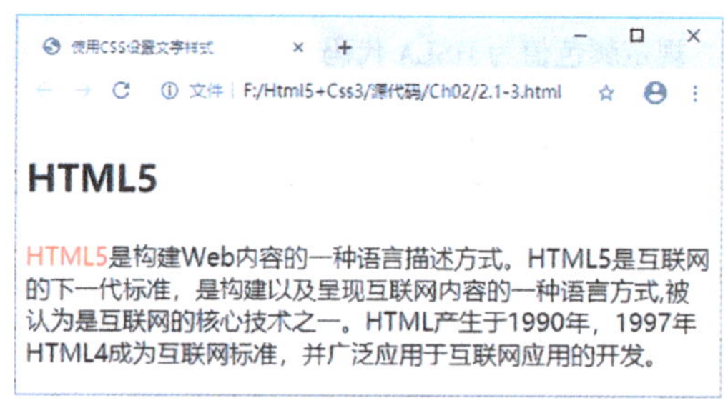

图 1-10-5　使用 CSS 设置文字样式

任务实施

在第一阶段已完成宣传网页的 HTML 编写，现在开始逐步为宣传网页添加 CSS 样式效果。

（1）使用外部样式添加网页的 CSS 样式，建立网页对应的 CSS 文件（命名为 index.css），在网页文件相同的目录下新建一个文件夹，命名为 CSS，创建 index.css 文件保存于此，便于管理，如图 1-10-6 所示。

● 图 1-10-6　保存 CSS 文件

（2）在第一阶段完成的 index.html 网页头部 <head> 中添加 <link> 标签，引入 CSS 文件。参考代码如下：

```
<head>
    <meta charset="utf-8">
    <meta name="viewport" content="width=device-width,initial-scale=1">
    <title>D 清单 </title>
    <link rel="stylesheet" href="css/index.css"/>
</head>
```

（3）在开发实践中，CSS 文件可分为两个部分，第一部分是通用样式，主要设置网页标签的通用样式效果，将对整个网页生效，以减少网页各模块相同效果的重复设置，并且可以在其他页面中实现复用，提高开发效率，此任务要求完成这一设置。第二部分将对各模块独立设置效果，个性化强但复用性差，该部分在后面的任务中将会涉及。

为移动设备添加文本格式设置，文字大小使用 rem 为单位，该单位相对于 <html> 标签定义文字大小，当 <html> 文字大小改变时，整个页面的所有文字也会相应地变大或缩小，起到快速调整页面文字效果的作用。

```
h1{
    font-size:2.3rem;
}
h3{
    font-size:1.5rem;
}
```

（4）完成后，浏览页面显示效果，测试样式设置是否成功。

任务拓展

如果同一个页面采用多种 CSS 样式方法，如同时使用了行内样式、内嵌样式和外部样式，当这几种样式共同作用于同一个标签时，就会出现优先级问题，即究竟哪种样式设置会生效。扫描右侧二维码了解相关知识。

任务 11　设置段落格式

任务目标

1. 能够使用 CSS 的多种选择器选择需设置的页面格式。
2. 能够使用适当的字体样式代码设置文字格式。
3. 能够使用适当的文本样式代码设置段落格式。

任务描述

本次任务在任务 10 基础上，根据 D 清单页面效果图，设置网页各内容的文字格式，包括文字使用的字体、风格、颜色等，并统一网页中的首行缩进、行高等格式。

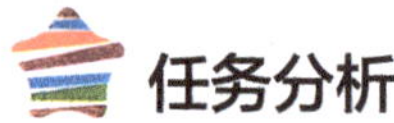

任务分析

在学习以下知识技能的基础上，**为页面中特定的内容设置文字和段落格式**。

1. CSS 多种选择器的功能。
2. CSS 字体样式和文本样式的设置。

D 清单页面效果图中格式样式分析示例如图 1-11-1 所示。

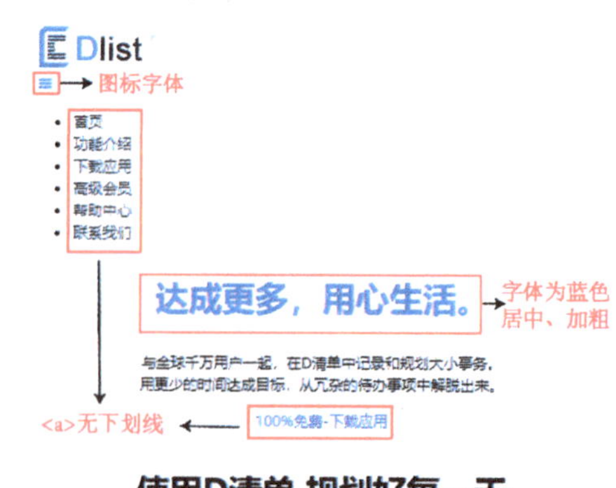

● 图 1-11-1　效果图中格式样式分析示例

知识与技能准备

1. CSS 的常用选择器

选择器（Selector）也称为选择符，HTML5 中所有标记都是通过不同的 CSS 选择器进行控制的。选择器不只是 HTML5 文档中的元素标记，它还可以是类、ID 或是元素的某种状态。下面介绍几种常用的 CSS 选择器，其中标签选择器上一任务中已经介绍，不再重复。

（1）类选择器

使用标签选择器可以控制该页面中所有此

标记的显示样式。如果需要为此类标记中的一个标记重新设定，则仅使用标签选择器是不能实现的，还需要使用类（Class）选择器。

类选择器用来为一系列标记定义相同的呈现方式。

语法：.classValue {property: value}

其中，classValue 是类选择器的名称，具体名称由 CSS 编写者自己命名，但注意不能使用数字开头。

使用类选择器的示例如下：

```
1  <head>
2     <style>
3        .a1{color:green;}    /* 作用于第 9 行 */
4        .a2{color:blue;}     /* 作用于第 10 行 */
5        .a3{color:yellow;}   /* 作用于第 11 行 */
6     </style>
7  </head>
8  <body>
9        <p class="a1">这是绿色字体</p>
10       <p class="a2">这是蓝色字体</p>
11       <p class="a3">这是黄色字体</p>
12 </body>
```

同一个标签还允许同时使用多个类选择器的样式，例如“class=a1 a2”代表该标签同时使用 .a1{ } 和 .a2{ } 的样式设置。class 中的多个选择符名称使用空格隔开。

（2）ID 选择器

ID 选择器与类选择器相似，都是针对特定属性的属性值进行匹配的。ID 选择器定义的是某一个特定的 HTML 元素，一个网页文件中只能有一个元素使用某一 ID 的属性值。

语法：#idValue {property: value}

其中，idValue 是 ID 选择器的名称，可以由 CSS 编写者自己命名。

使用 ID 选择器的示例如下：

```
1  <head>
2     <style>
3        #a1{color:green;}    /* 作用于第 9 行 */
4        #a2{color:blue;}     /* 作用于第 10 行 */
5        #a3{color:yellow;}   /* 作用于第 11 行 */
6     </style>
7  </head>
```

```
<body>
        <p id="a1">这是绿色字体</p>
        <p id="a2">这是蓝色字体</p>
        <p id="a3">这是黄色字体</p>
</body>
```

（3）全局选择器

如果想让一个页面中的所有 HTML 标记使用同一种样式，可以使用全局选择器（也称通配选择符）。

语法：*{property: value}

其中，“*”表示对所有元素起作用。使用示例如下：

```
*{color:red;font-size:30px}
```

标签选择器、类选择器、ID 选择器、全局选择器统称为元素选择器。

（4）包含选择器

包含选择器通过标签层次结构选择目标。如果希望只对 p 中的 span 应用样式，可以写为“p span{ }”，注意两个名称间要用空格隔开。

使用包含选择器的示例如下：

```
1  <head>
2      <style>
3          p span{color:red}      /*作用于第 9、10 行*/
4      </style>
5  </head>
6  <body>
7      <h1 class="aa">这是标题</h1>
8      <p>
9          <span>文字一</span>
10         <span class="aa">文字二</span>
11     </p>
12 </body>
```

（5）组合选择器

当单一的基本选择器不足以区分我们要渲染的元素的时候，就要使用组合选择器。组合选择器连续书写多个标签选择器、类选择器、ID 选择器，中间不加空格，代表选择同时符合多个选择器条件的标签。例如，“p.aa”表示选择“class="aa"”的 <p> 标签。

使用组合选择器的示例如下：

```
1  <head>
2      <style>
3          p#lit{  /* 组合选择器：标签选择器 +ID 选择器，作用于第 14 行 */
4              color:red;
5              font-size:40px;
6          }
7          div.one{  /* 组合选择器：标签选择器 + 类选择器，作用于第 16 行 */
8              color:blue;
9          }
10     </style>
11 </head>
12 <body>
13             <div>hello div</div>
14             <p id="lit">hello p</p>
15             <p id="lit2" class="one">hello p</p>
16             <div id="lit3" class="one">hello div</div>
17 </body>
```

（6）分组选择器

需要同时渲染多个元素时，可使用分组选择器。分组选择器将不同的选择器用“,”相连，如“h1, h2, h3, h4{ }”，可对多种选择符同时应用相同的样式。

使用分组选择器的示例如下：

```
1  <head>
2      <style>
3      #lit,div.one{  /* 作用于第 10、12 行 */
4          color:blue;
5      }
6      </style>
7  </head>
8  <body>
9      <div>hello div</div>
10     <p id="lit">hello p</p>
11     <p id="lit2" class="one">hello p</p>
12     <div id="lit3" class="one">hello div</div>
13 </body>
```

（7）伪选择器

伪选择器包括伪类选择器和伪对象选择器，伪选择器以冒号（:）作为前缀标识符。冒号前可以添加选择符，限定伪类应用的范围，冒号后为伪类和伪对象名，冒号前后没有空格，否则将错认为类选择器。

与前面介绍的选择器都是针对页面标签元素及其属性不同，伪类选择器是针对为特殊需要而制定的额外属性，如 <a> 标签没有 link 和 visited 属性，但是在伪类中则分别对应超链接 a 访问前和访问后的样式属性。

CSS 的伪类选择器主要包括动态伪类、结构伪类、否定伪类和状态伪类 4 种，后面再详细讲解。

伪对象选择器是针对元素进行对象化设置的选择器，常见伪对象选择器见表 1-11-1。CSS 在伪对象选择符前面使用双冒号（::）来与伪类选择符区别。

表 1-11-1　　常见伪对象选择器

属性值	说明
E::first-letter	设置对象内的第一个字符的样式
E::first-line	设置对象内的第一行的样式
E::before	设置在对象前（依据对象树的逻辑结构）发生的内容。用来和 content 属性一起使用
E::after	设置在对象后（依据对象树的逻辑结构）发生的内容。用来和 content 属性一起使用

2. CSS 字体样式效果

在 HTML 中，CSS 字体属性用于定义文字的字体、大小、粗细等。常见的字体属性有 font-family、font-style、font-size、font-weight、color 等。

部分效果已在上一任务中介绍，这里继续介绍其余内容。

（1）字体类型：font-family

font-family 属性用于指定文字字体类型，如宋体、黑体、隶书等，即在网页中展示字体不同的形状。

语法：{font-family: name;}

{font-family: cursive | fantasy | monospace | serif | sans-serif}

从语法格式上可以看出，font-family 有两种声明方式。第一种方式，使用 name 字体名称，按优先顺序排列，以逗号隔开，如果字体名称包含空格，则应使用引号括起。第二种方式使用所列出的字体序列名称，如果使用 fantasy 序列，将提供默认字体序列。在 CSS 中，比较常用的是第一种声明方式。

（2）字体风格：font-style

font-style 通常用来定义字体风格，即字体的显示样式。

语法：font-style: normal | italic | oblique

其中，normal 为默认值，表示正常的字体；italic 表示斜体；oblique 表示倾斜的字体，效果介于 normal 和 italic 之间。

【课堂练习 1-11-1　使用 CSS 设置文字样式】

将下面的代码设置为如图 1-11-2 所示的效果，要求“news”内的 <h1> 标签字体为黑体，大小为 30 px；<p> 标签的字体为宋体，大小为 18 px；<span> 标签的字体加粗、斜体，颜色为蓝色。

```
<div class="news">
    <p>HTML5</p>
    <span>HTML5</span>是构建 Web 内容的一种语言描述方式。HTML5 是互联网的下
一代标准，是构建以及呈现互联网内容的一种语言方式，被认为是互联网的核心技术之一。
HTML 产生于 1990 年，1997 年 HTML4 成为互联网标准，并广泛应用于互联网应用的开发。
</div>
```

HTML5

*HTML5*是构建Web内容的一种语言描述方式。HTML5是互联网的下一代标准，是构建以及呈现互联网内容的一种语言方式，被认为是互联网的核心技术之一。HTML产生于1990年，1997年HTML4成为互联网标准，并广泛应用于互联网应用的开发。

● 图 1-11-2　使用 CSS 设置文字样式

CSS 标签代码：

```
.news h1{
    font-family:"黑体";    /*设置字体为黑体*/
    font-size:30px;        /*设置字体大小为 30px*/
}
.news p{
    font-family:"宋体";
    font-size:18px;
}
.news span{
    font-weight:bold;      /*设置字体加粗*/
    font-style:italic;     /*设置字体为斜体*/
    color:blue;
}
```

（3）字体大小写：font-variant

CSS 使用 font-variant 属性来定义字体大小写效果。

语法：font-variant: normal | small-caps

其中，normal 表示默认值，即正常的字体；small-caps 表示小型的大写字母字体。

注意：font-variant 仅支持以英文为代表的西文字体，中文字体没有大小写效果区

分。如果设置了小型大写字体，但是该字体没有找到原始小型大写字体，则浏览器会模拟一个，例如使用一个常规字体，并将其小写字母替换为缩小过的大写字母。

（4）字体的复合属性：font

font 是一个复合属性，所谓复合属性，是指可以设置多种字体属性。

语法：font: font-style font-variant font-weight font-size/line-height font-family

font 属性中的属性排列顺序是 font-style、font-variant、font-weight、font-size/line-height 和 font-family，各属性的属性值之间使用空格隔开。但是，如果 font-family 属性要定义多个属性值，则需要使用逗号（,）隔开。其中 line-height 是定义行高，将在后面的文本样式中详细介绍。

注意：属性排列中，font-style、font-variant 和 font-weight 这 3 个属性值是可以自由调换或省略的。而 font-size 和 font-family 则必须按照固定的顺序出现，而且还必须都出现在 font 属性中。如果这两者的顺序不对，或缺少一个，那么整条样式规则可能就会被忽略。

【课堂练习 1-11-2　使用 font 属性简写文字样式代码】

将课堂练习 1-11-1 的 CSS 代码在不改变原样式效果的情况下使用 font 属性进行简写。

CSS 样式设置如下，注意 <h1> 的字体默认是加粗的，使用 font 设置时需要添加“bold”，否则将自动使用“normal”取消加粗样式。

```
.news h1{font:bold  30px  "黑体"}
.news p{font:18px "宋体"}
.news span{
    font:italic  bold  18px  "宋体";
    color:blue
}
```

3. CSS 文本样式效果

字体样式主要涉及字符本身的显示效果，而文本样式主要涉及多个字符的排版效果。

（1）文本水平对齐方式：text-align

CSS 使用 text-align 属性来定义文本的水平对齐方式。

语法：text-align: left | right | center | justify

该属性取值包括 4 个：left 是默认值，表示左对齐；right 表示右对齐；center 表示居中对齐；justify 表示两端对齐。

（2）文本行高：line-height

在 CSS 中，line-height 属性用来设置行间距，即行高。

语法：line-height: normal | length

其中，normal 表示默认值，一般为 1.2 em，length 表示百分比数字，或者由浮点数字和单位标识符组成的长度值，允许为负值。

【课堂练习 1-11-3　使用 CSS 设置文本样式】

HTML 标签代码如下：

```
<div class="news">
    <h2>习主席再谈这个全球抗疫根本大计</h2>
    <p class="p1">新冠疫情发生以来，习主席亲力亲为推动疫情防控国际合作，呼吁
国际社会团结抗疫、共同构建人类卫生健康共同体。
    </p>
    <p class="p2">共同构建人类卫生健康共同体，是人类立足当前战胜新冠疫情、着
眼长远应对重大公共卫生突发事件的根本大计。在 11 日晚同菲律宾、白俄罗斯领导人通话
中，习主席再次谈到“人类卫生健康共同体”。
    </p>
</div>
```

设置 <h2> 内的字体居中；<p> 字体大小为 14 px，两端对齐；<p1> 内的文本行高为 10 px；<p2> 内的文本行高为字体大小的 1.5 倍。

CSS 标签代码如下：

```
.news h2{
    text-align:center;    /*设置字体居中*/
}
.news p{
    font-size:14px;
    text-align:justify;   /*设置字体两端对齐*/
}
.news .p1{
    line-height:10px;     /*设置行高为 10px*/
}
.news .p2{
    line-height:1.5em;    /*设置行高为字体大小 1.5 倍*/
}
```

显示效果如图 1-11-3 所示。

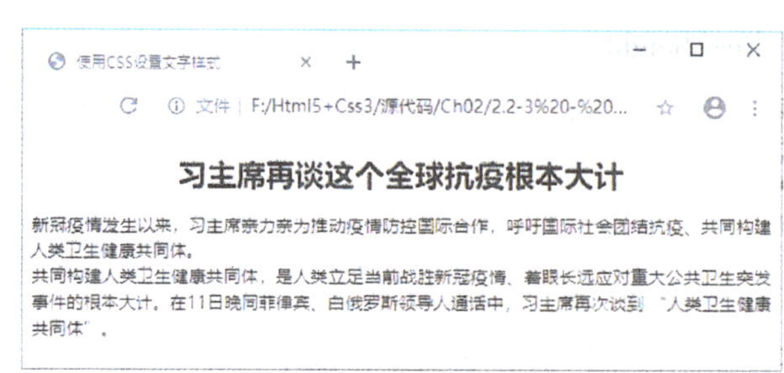

● 图 1-11-3　使用 CSS 设置文字样式

可见，当 line-height 属性取值小于一个字大小时，就会发生上下行文本重叠现象。行高取值单位一般使用 em 或百分比，很少使用像素，也不建议使用。

一般行高的最佳设置范围为 1.2 ~ 1.8 em，当然，对于特别大的字体或者特别小的字体，可以特殊处理。一般可以遵循字体越大、行高越小的原则来定义段落的具体行高。

例如，如果段落字体大小为 12 px，则行高设置为 1.8 em 比较合适；如果段落字体大小为 14 px，则行高设置为 1.5 ~ 1.6 em 比较合适；如果段落字体大小为 16 ~ 18 px，则行高设置为 1.2 em 比较合适。一般浏览器默认行高为 1.2 em 左右。例如，IE 默认为 19 px，如果除以默认字体大小（16 px），则约为 1.18 em；而 Firefox 默认为 1.12 em。

（3）首行缩进：text-indent

CSS 的 text-indent 属性可用来设定文本块中首行的缩进。

语法：text-indent: length

length 表示百分比数字，或者由浮点数字和单位标识符组成的长度值，允许为负值。建议在设置首行缩进时，以 em 为设置单位，它表示一个字距，这样能比较精确地确定首行缩进效果。例如，设置“text-indent: 2em;”可实现无论字体大小均固定缩进 2 个字符的距离。

（4）文本修饰：text-decoration

CSS 使用 text-decoration 属性来定义字体下划线、上划线、贯穿线等修饰效果。

语法：text-decoration: none | underline | blink | overline | line-through

其中，none 表示默认值，即不修饰字体；underline 表示下划线效果；blink 表示闪烁效果；overline 表示上划线效果；line-through 表示贯穿线效果。

【课堂练习 1-11-4　使用 CSS 设置文本样式】

制作如图 1-11-4 所示的样式效果，网页的标签结构自行制作，标题居中对齐，文章内容左对齐，段落首行缩进 2 个字符、行高为文字大小的 1.5 倍，文字“人类卫生健康共同体”为红色字体、有下划线。

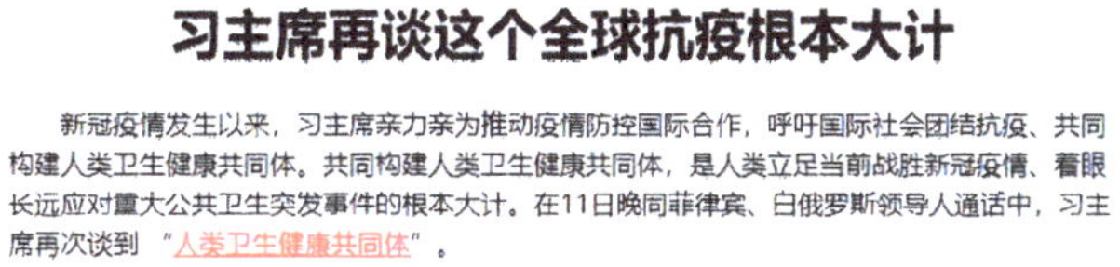

习主席再谈这个全球抗疫根本大计

新冠疫情发生以来，习主席亲力亲为推动疫情防控国际合作，呼吁国际社会团结抗疫、共同构建人类卫生健康共同体。共同构建人类卫生健康共同体，是人类立足当前战胜新冠疫情、着眼长远应对重大公共卫生突发事件的根本大计。在11日晚同菲律宾、白俄罗斯领导人通话中，习主席再次谈到 “人类卫生健康共同体”。

● 图 1-11-4　使用 CSS 设置文本样式

HTML 标签代码如下：

```
<div class="news">
    <h1> 习主席再谈这个全球抗疫根本大计 </h1>
    <p> 新冠疫情发生以来，习主席亲力亲为推动疫情防控国际合作，呼吁国际社会团结抗疫、共同构建人类卫生健康共同体。共同构建人类卫生健康共同体，是人类立足当前战胜新冠疫情、着眼长远应对重大公共卫生突发事件的根本大计。在 11 日晚同菲律宾、白俄罗斯领导人通话中，习主席再次谈到 “<span> 人类卫生健康共同体 </span>”。
    </p>
</div>
```

CSS 标签代码如下：

```
.news h1{
    text-align:center;
}
.news p{
    text-indent:2em;
    line-height:1.5em;
}
.news span{
    text-decoration:underline;
    color:red
}
```

4. CSS 文字、文本样式效果的继承性

CSS 文字、文本样式效果具有继承性，如果某一标签设置了文字颜色为蓝色，那么它的所有后代标签都会具有该属性，除非后代标签自带同种的文字属性，或通过 CSS 设置新的属性将其覆盖，具体可参考下面的例子。非文字、文本类型的样式效果不具备继承特性。

【课堂练习 1-11-5　文本样式继承性】

为父层 <div> 标签设置文字属性，观察底层 <h2> 和 <p> 标签文字是否有继承效果。

HTML 标签代码如下：

```
<div>
    <h2> 继承性 </h2>
    <p> 继承了父层标签的文字属性 </p>
    <p class="child"> 覆盖了父层标签的文字属性 </p>
</div>
```

CSS 标签代码如下：

```
div{
    text-decoration:underline;
    color:blue;
    font-size:16px;
}
.child{
    color:red;
    font-size:20px;
}
```

显示效果如图 1-11-5 所示。

继承性

继承了父层标签的文字属性

覆盖了父层标签的文字属性

● 图 1-11-5　CSS 文字、文本样式效果的继承性

5. 图标字体

一般情况下，都是通过 <img> 标签或者标签的背景属性（background）来添加图标，但使用的图片都是位图图片，放大会产生锯齿，且无法随意修改颜色，如图 1-11-6 所示。

● 图 1-11-6　位图图片

图标字体（IconFont），顾名思义，是一种字体，只不过这个字体显示的并不是具体的文字，而是各种图标，因此使用时可以像字体一样来引用，随意缩放而不失真。改变图标大小、颜色只需要通过设置 CSS 的字体大小、颜色等属性即可实现。

（1）字体文件的下载

在使用图标字体的功能前，需要有记录图标数据的字体文件，这种类型的文件可在互联网中免费下载。这里介绍 IcoMoon 的具体使用方法。

1）打开 IcoMoon 网站 https://icomoon.io/，单击“IcoMoon App”，如图 1-11-7 所示。

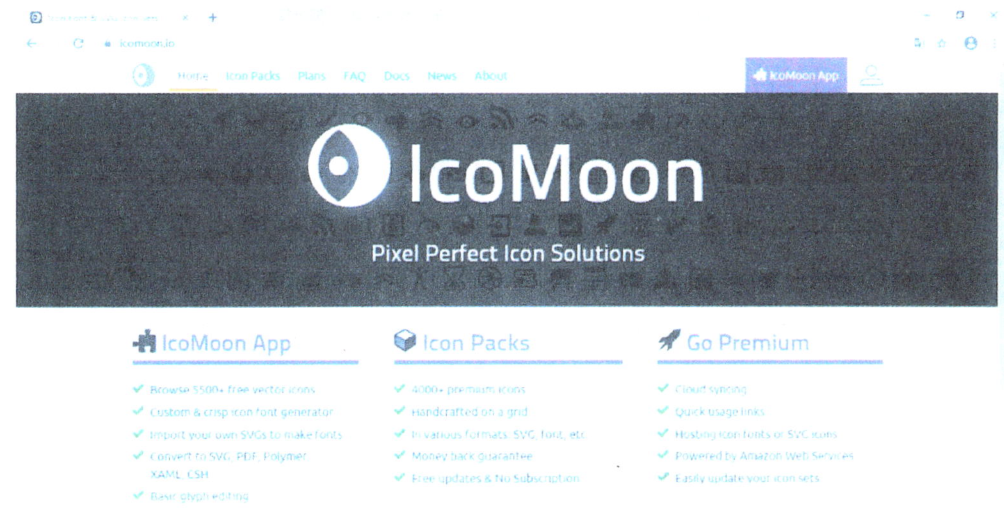

图 1-11-7 IcoMoon 网站

2）打开后是具体图标界面，如图 1-11-8 所示。用户可以添加自己的图标进行生成，也可以选用该网站给出的图标。在默认图标的下方有“add Icons From Library”单击后可以看到更多的图标供选择（有免费的，有付费的）。

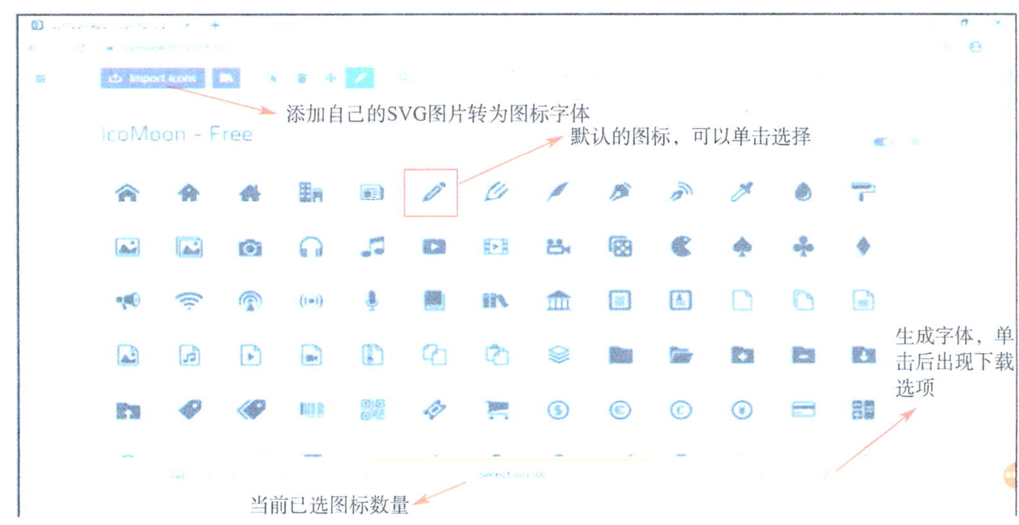

图 1-11-8 具体图标界面

3）单击“Generate Font”后会生成当前选择的图标的界面，右下角的“Generate Font”也会变成“Download”。

4）下载完成后会得到如图 1-11-9 所示的文件，这些文件最好都保存下来，不要随意删掉。

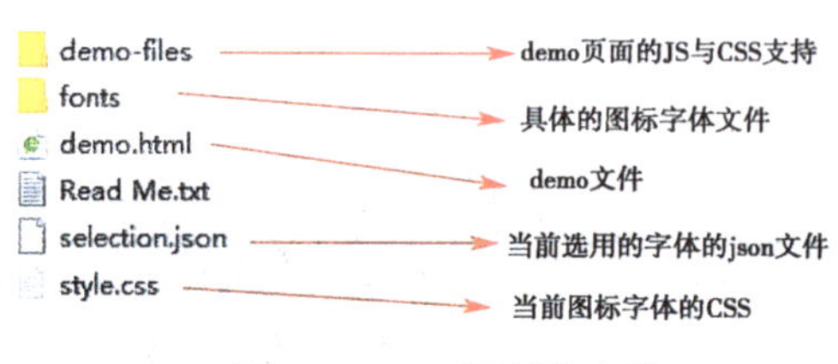

图 1-11-9　下载的文件

（2）图标字体的具体使用方法

1）将字体文件夹复制到项目中并且在 CSS 中声明字体。语法格式如下：

```
@font-face {
        font-family: " 定义字体名称 ";
        src: url (" 字体路径 ") format (" 格式名 ");
    }
```

“@font-face{ }”属于固定的语法结构，表示在网页中定义一种新的字体。

“font-family:" 定义字体名称 ";”用于设置该字体的名称。用户可以自行定义字体名称，以后一般标签可通过字体属性“font-family”使用该名称的字体。

“src: url (" 字体路径 ")”通过设置的路径加载字体文件，后面的“format (" 格式名 ")”用于声明该字体格式，便于浏览器识别，该部分也可不添加。如果要加载多种字体格式的文件，可使用逗号分隔依次填写，如“src: url (" 路径 1"), url (" 路径 2"), url (" 路径 3")”。

考虑到浏览器的兼容问题，代码可写为（注释部分是兼容的浏览器及版本）：

```
@font-face{
   font-family:'icomoon';
   src:url('fonts/icomoon.eot?dvdt0g');/*IE 9以上*/
   src:url('fonts/icomoon.eot?dvdt0g#iefix')format('embedded-opentype'),
   /*IE 6~IE 8*/
   url('fonts/icomoon.ttf?dvdt0g')format('truetype'),
   /*chrome、firefox、opera、Safari、Android、ios 4.2+*/
   url('fonts/icomoon.woff?dvdt0g')format('woff'),/*chrome、firefox*/
   url('fonts/icomoon.svg?dvdt0g#icomoon')format('svg');/*ios 4.1-*/
}
```

2）网页中加载了字体文件后，便可让标签使用该字体，但由于图标字体不属于文字数据，无法直接写为文字显示，需要使用特定的编码代表图标。图标的编码在字体文件制作时已被设定好，具体可打开前面下载的 demo.html 文件查看，图 1-11-10 中的“e900”“e906”等就是图标对应的编码。

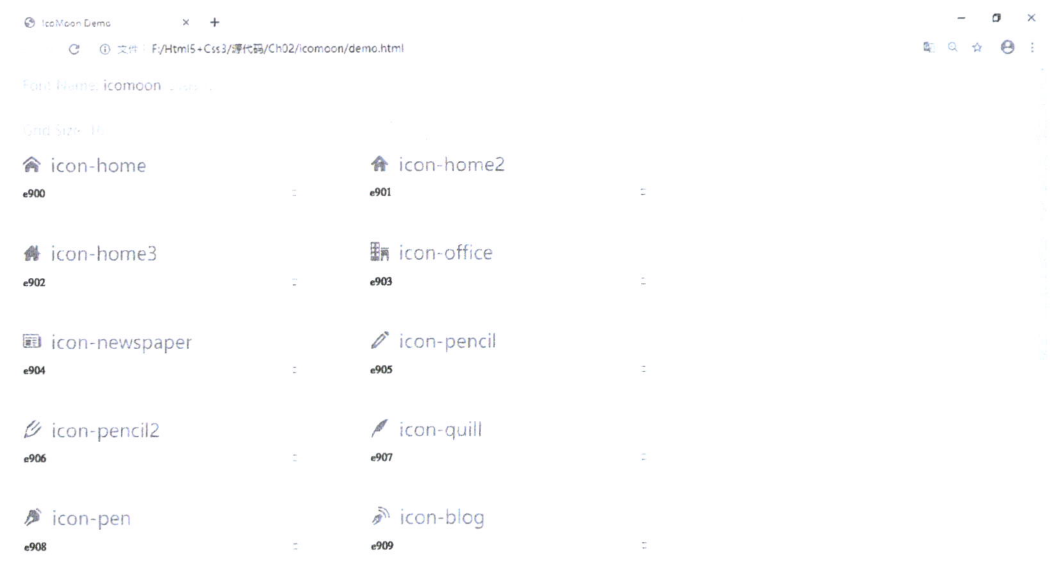

● 图 1-11-10 图标对应的编码

图标的编码不能直接写在标签内，标签无法正确识别，需要使用伪对象选择器 before 或 after，该选择器的作用是通过 CSS 的方式在标签内插入一个标签和数据。语法格式如下：

```
E:before(或 after){content:" 内容 ";
    其他属性……
}
```

“:before”选择器在被选元素的内容前面插入内容。

“:after”选择器在被选元素的内容后面插入内容。

注意：before 和 after 必须和 content 结合使用，即使没有内容插入也要写“content:" "”。

【课堂练习 1-11-6 使用伪对象选择器】

HTML 标签代码如下：

```
<p>:before 或 :after</p>
```

CSS 标签代码如下：

```
p:before{
    content:" 伪对象选择器 ";
}
p:after{
    content:" 有什么用 ?";
    color:red;
}
```

显示效果如图 1-11-11 所示。

伪对象选择器: before或: after有什么用?

图 1-11-11 使用伪对象选择器

图标字体的编码以 "content:"\ 编码 ";" 的格式添加到伪对象选择器中，并设置当前使用的字体为图标字体，便可被正确识别并显示。

【课堂练习 1-11-7 添加图标字体】

HTML 标签代码如下：

```
<span class="ico-newspaper"></span>
<span class="ico-home"></span>
<span class="ico-pencil2"></span>
```

CSS 标签代码如下：

```
.ico-newspaper:before{
    font-family:"icomoon";  /* 使用字体图标 */
    content:"\e904";        /* 图标编码 */
}
.ico-home:before{
    font-family:"icomoon";
    content:"\e900";
    color:blue
}
.ico-pencil2:before{
    font-family:"icomoon";
    content:"\e906";
    font-size:30px;
}
```

显示效果如图 1-11-12 所示。

图 1-11-12 添加图标字体

如果要使用的图标字体较多，建议统一图标字体的类名称格式以方便管理，如上面代码的“icon- 名称”，之后可使用属性选择符统一设置。例如，课堂练习 1-11-7 的 CSS 代码可修改为：

```
/* 对有 "icon-" 类名称的标签使用统一的字体设置 */
[class*="ico-"]:before{
    font-family:"icomoon";
}
/* 设置类名称对应的图标 */
.ico-newspaper:before{content:"\e904";}
.ico-home:before{content:"\e900";}
.ico-pencil2:before{content:"\e906";}
/* 设置独立的样式 */
.ico-home{color:blue}
.ico-pencil2{font-size:30px;}
```

【课堂练习 1-11-8　使用图标字体制作如图 1-11-13 所示的样式】

home图标
office图标
newspaper图标
quill图标
eyedropper图标

图 1-11-13 图标字体样式

HTML 标签代码如下：

```
<ul>
    <li><span class="icon-home">home 图标 </span></li>
    <li><span class="icon-office">office 图标 </span></li>
    <li><span class="icon-newspaper">newspaper 图标 </span></li>
    <li><span class="icon-quill">quill 图标 </span></li>
    <li><span class="icon-eyedropper">eyedropper 图标 </span></li>
</ul>
```

CSS 标签代码如下：

```
@font-face{/* 字体设置省略 */}
ul{ list-style:none;}/* 不使用项目符号 */
li{ line-height:30px;}/* 列表项行高 30px*/
[class*="icon-"]:before{font-family:'icomoon';
    color:burlywood
    }
.icon-home:before { content:"\e900";}
.icon-office:before {content:"\e903";}
.icon-newspaper:before {content:"\e904";}
.icon-quill:before {content:"\e907";}
.icon-eyedropper:before {content:"\e90a";}
```

任务实施

（1）为网页中的 h1、h3 设置字体样式，并设置网页中所有标签行高为“line-height: 1.5em”，使用选择符“*”，这样每种标签会根据自身的文字大小得出对应的行高。

```
h1,h3{
    font-family:"微软雅黑" "黑体";
    font-weight:600;
}
*{line-height:1.5em;}/* 所有标签的行高 */
```

（2）设置超链接的样式。

```
a{text-decoration:none;
    color:white;}
```

需要注意的是，因白色字体在白色背景下无法看到显示效果，可暂用其他颜色代替以便查看，待后面设置背景后再修改回来。

（3）使用类选择器设置文本居中。

```
.center{text-align:center;}
```

为 HTML 标签代码中需要设置文字居中效果的模块添加属性“class='home center'”，部分代码如下：

```
<article class='home center'>
    <h1>达成更多，用心生活。</h1>
    <p>与全球千万用户一起，在 D 清单中记录和规划大小事务。<br>
```

```
        用更少的时间达成目标，从冗杂的待办事项中解脱出来。</p>
    <a href="#">100% 免费 - 下载应用 </a>
</article>
```

（4）使用包含选择器设置 home 中 h1 的字体颜色。

```
.home h1{ color: #1B75BC;}
```

（5）为网页添加图标字体。将字体文件放到网页相关的文件夹中，在 CSS 中加载图标字体文件并设置所使用的图标。

```
@font-face{
    font-family:"my_icons";
    src:url("../fonts/icomoon.eot");
    src:url("../fonts/icomoon.eot?#iefix")format("embedded-opentype"),
        url("../fonts/icomoon.woff")format("woff"),
        url("../fonts/icomoon.ttf")format("truetype"),
        url("../fonts/icomoon.svg#my_icons") format("svg");
}
[class*="icon_"]:before{
    font-family:my_icons;
    color:rgb(4,141,196);
}
.icon_menu:before{content:"\e9bd";}
.icon_file:before{content:"\e930";}
.icon_tag:before{content:"\e935";}
.icon_first:before{content:"\ea08";}
.icon_order:before{content:"\ea4a";}
.icon_count:before{content:"\e920";}
.icon_search:before{content:"\e986";}
.icon_html:before{content:"\eae4";color:white;font-size:100px;}
.icon_android:before{content:"\eac0";color:white;font-size:100px;}
.icon_apple:before{content:"\eabe";color:white;font-size:100px;}
.icon_bubbles:before{content:'\e96c';color:white;}
```

任务拓展

扫描右侧二维码，了解其他常用的文本效果代码有哪些。

任务 12　布局网页

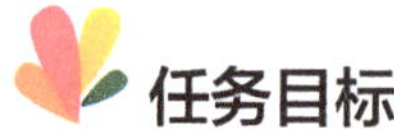

任务目标

1. 能够表述盒模型的结构概念。

2. 能够使用宽、高属性设置标签大小，使用内外补白属性设置标签内外间距。

3. 能够修改标签的类型，使一种标签能具有其他标签的特性。

4. 能够使用浮动和清除浮动属性，正确控制标签的排列方式，实现网页的整体排版布局。

5. 能够综合运用以上内容完成页面布局。

任务描述

本次任务根据页面效果图，在任务 11 基础上设置网页每个模块的宽、高、间距，统一网页的整体布局，并完善各标签的排版布局。

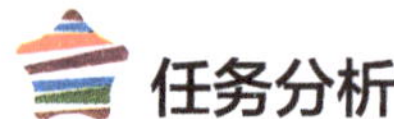

任务分析

在学习以下知识技能的基础上，完成网页每个模块的宽、高、间距设置，统一网页的整体布局，完善各标签的排版布局。

1. 网页宽度、高度的设置方法，使用内外补白属性设置标签内外间距。

2. 浮动和清除浮动属性的设置方法。

D 清单网页效果图中部分格式样式分析如图 1-12-1 所示。

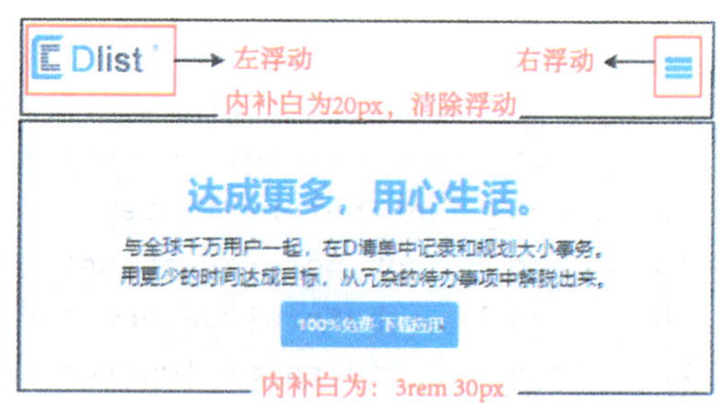

图 1-12-1　效果图中部分格式样式分析

知识与技能准备

1996 年 W3C 推出 CSS，并规定了页面中所有元素基本显示形态为方形的盒子，由此形成了一套严谨的盒模型。根据这个盒模型规则，网页中所有元素对象都被放在一个盒子里，设计师可以通过 CSS 来控制这个盒子的显示属性，这就是经典的 CSS 盒模型。

1. 盒模型结构

在网页设计中，常常会听到这些名词概念：内容、填充（补白、内边距）、边框、边界（外边距）。日常生活中所见的盒子，也具有这些属性，所以把这些名词抽象为盒模型概念。它具有如下特性：

（1）每个盒子都有内容、填充、边框、边界 4 个属性。

（2）每个属性都包括上、右、下、左 4 个部分。属性的 4 个部分可同时设置，也可分别设置。

与生活中的盒子相类比，内容相当于盒子里装的东西，填充相当于为防止盒子里装的东西损坏而添加的泡沫或者其他抗震辅料，边框相当于盒子本身，边界则相当于盒子摆放时为了避免全部堆在一起、保持通风、方便取出而保留空隙所划定的界限。

在网页中，内容常指文字、图片等信息或元素，也可以是小盒子（嵌套结构），与现实生活中盒子不同的是，现实生活中的东西一般不能大于盒子，否则盒子会被撑坏，而 CSS 盒子具有弹性，里面的东西大过盒子本身最多把它撑大，但不会损坏。

网页中任何元素都可以视为一个盒子，所有盒模型就是页面元素的基本模型结构。从外到里，盒模型包括边界（margin）、边框（border）、补白（padding）和内容（content）4 大区域。如果用一个简单示意图来描述盒子属性与空间的关系，则如图 1-12-2 所示。

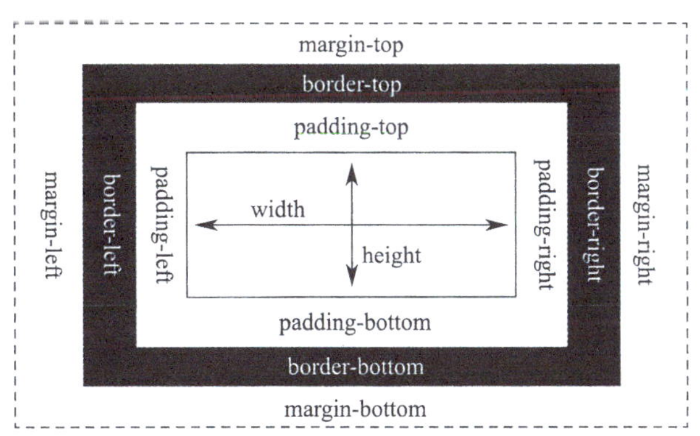

图 1-12-2　盒模型中各个属性的空间位置关系

2. 标签的宽、高属性

CSS 盒模型使用 width（宽）和 height（高）定义内容区域的大小。

语法：width: 宽度数值；

　　　height: 高度数值；

其中，宽、高属性可使用 px 为单位设置固定长度，也可以使用百分比（%）设置相对长度，百分比以当前标签的父标签为参考。例如，父标签设置为“width: 800px”，

当前标签设置为“width: 50%”，那么当前标签的实际宽度为 400 px。

宽、高属性也可以设置为 auto（自动），相当于不设置宽、高属性。此时宽度将默认设置为允许的最大值，即等同于父标签的宽度；高度则将随标签的内容自动扩展。

当标签设置了宽、高后，标签的大小就被固定了，如果标签内容超过标签的大小，那么超出的部分会溢出标签。

【课堂练习 1-12-1　为标签设置宽度和高度参数】

HTML 标签代码如下：

```
<div>
    <p>明月几时有？把酒问青天。</p>
    <p>不知天上宫阙，今夕是何年。</p>
    <p>我欲乘风归去，又恐琼楼玉宇，高处不胜寒。</p>
    <p>起舞弄清影，何似在人间。</p>
</div>
```

设置 <div> 的宽度为 250 px，高度为 120 px。CSS 标签代码如下：

```
div{
    width:250px;
    height:120px;
    border:1px solid black;    /* 设置边框 */
}
```

显示效果如图 1-12-3 所示。

明月几时有？把酒问青天。

不知天上宫阙，今夕是何年。

我欲乘风归去，又恐琼楼玉宇，高处不胜寒。

起舞弄清影，何似在人间。

图 1-12-3　内容溢出标签

如果希望标签既能保持一定的大小，又能灵活地适应内容或网页的变化，可以使用以下几个属性：

（1）min-width：设置标签宽度的最小值。

（2）max-width：设置标签宽度的最大值。

（3）min-height：设置标签高度的最小值。

（4）max-height：设置标签高度的最大值。

可将课堂练习 1-12-1 中的 CSS 代码修改如下：

```
div{
    width:250px;
    min-height:120px;
    border:1px solid black;   /* 设置边框 */
}
```

显示效果如图 1-12-4 所示。

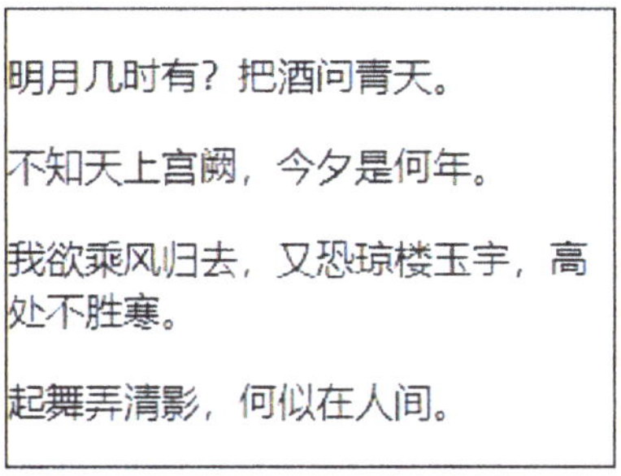

明月几时有？把酒问青天。

不知天上宫阙，今夕是何年。

我欲乘风归去，又恐琼楼玉宇，高处不胜寒。

起舞弄清影，何似在人间。

图 1-12-4 自动增加高度以适应内容

【课堂练习 1-12-2 为标签设置适应页面变化的宽度】

为 <div> 标签设置最小高度 200 px，宽度为浏览器窗口的 60%，但要求该宽度随着浏览器宽度变化时，最小不能小于 350 px，最大不能超过 600 px。

CSS 样式设置如下：

```
div{
    min-height:200px;
    width:60%;
    min-width:350px;
    max-width:600px;
    border:1px solid black;/* 设置边框 */
}
```

3. 标签的外补白（外边界）：margin

补白是用来调整元素包含的内容与元素边框的距离，由 CSS 的 padding 属性负责定义。从功能上讲，补白不会影响元素的大小，但是由于在布局中补白同样占据空间，所以在布局时应考虑补白对于布局的影响。在没有明确定义元素的宽度和高度情况下，使用补白来调整元素内容的显示位置要比边界更加安全、可靠。

margin 属性用于设置页面中元素和元素之间的距离，即定义元素周围的空间范围，是页面排版中一个比较重要的概念。

语法：margin: auto | length;

其中，auto 表示根据内容自动调整，length 表示由浮点数字和单位标识符组成的长度值或百分数，百分数是基于父对象的高度。对于内联元素来说，左右外延边距可以是负数值。

margin 属性包含 4 个子属性，分别用于控制元素四周的边距，见表 1-12-1。

表 1-12-1　　margin 属性的子属性

属性	说明
margin-top	设置元素上边距
margin-right	设置元素右边距
margin-bottom	设置元素下边距
margin-left	设置元素左边距

为了提高代码编写效率，CSS 提供了边界定义的简写式。具体说明如下：

（1）如果 4 个边界相同，则直接使用 margin 属性定义，为 margin 设置一个值即可。

（2）如果 4 个边界不相同，则可以在 margin 属性中定义 4 个值，4 个值用空格进行分隔，代表边的顺序是顶部、右侧、底部和左侧，即从顶部开始按顺时针方向进行设置。格式如下：

```
margin:top right bottom left;
```

如果某个边没有定义大小，则可以使用 auto（自动）关键字进行代替，但是必须设置一个值，否则会产生歧义。

（3）如果上、下边界不同，左、右边界相同，则可以使用 3 个值进行设置，可以这样缩写：

```
margin:top right bottom;
```

（4）如果上、下边界相同，左、右边界相同，则直接使用两个值进设置：第 1 个值表示上、下边界，第 2 个值表示左、右边界。

4. 标签的内补白：padding

padding 与 margin 属性一样，不仅可以快速简写，还可以利用 padding-top、padding-right、padding-bottom 和 padding-left 属性来分别定义四边的补白大小。例如：

```
padding-top:2px;  /* 定义元素上补白为 2px*/
padding-right:2em;  /* 定义元素右补白为字体的 2 倍 */
```

```
Padding-bottom:2%;  /* 定义元素下补白为父元素宽度的 2%*/
padding-left:auto;  /* 定义元素左补白为自动 */
padding:2px;  /* 定义元素四周补白为 2px*/
padding:2px 4px;  /* 定义上、下补白为 2px，左、右补白为 4px*/
padding:2px 4px 6px;  /* 定义上补白为 2px，左、右补白为 4px，下补白为 6px*/
padding:2px 4px 6px 8px;  /* 定义上补白为 2px，右补白为 4px，下补白为 6px，左补白
为 8px*/
```

与边界不同，补白取值不可以为负。内外补白都是透明的，在测试时可以设置元素的背景色或边框，从而较直观地观察到内外补白的存在。

【课堂练习 1-12-3　设置标签的内外边距】

制作如图 1-12-5 所示的样式效果，固定 <div> 标签内容的宽度，并在浏览器中居中放置，<div> 标签之间存在 15 px 边界，字体与边框之间存在 20 px 补白。

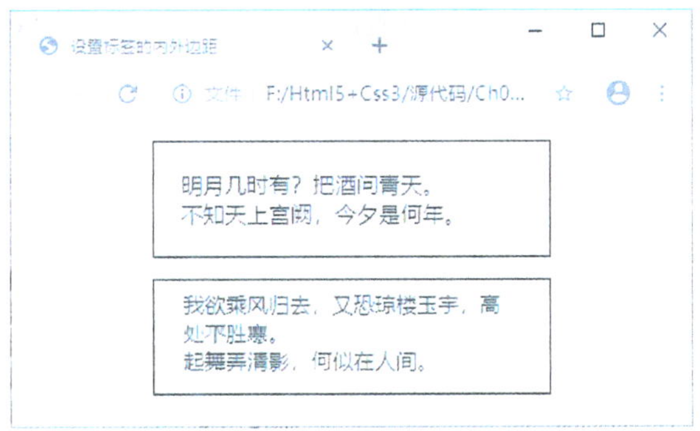

图 1-12-5　设置标签的内外边距

HTML 标签代码如下：

```
<section>
    <div class="d1">
        <p> 明月几时有？把酒问青天。</p>
        <p> 不知天上宫阙，今夕是何年。</p>
    </div>
    <div class="d2">
        <p> 我欲乘风归去，又恐琼楼玉宇，高处不胜寒。</p>
        <p> 起舞弄清影，何似在人间。</p>
    </div>
</section>
```

CSS 标签代码如下：

```
*{/* 清除标签默认样式 */
    padding:0;
    margin:0
 }
div{
    width:250px;
    border:1px solid black;/* 设置边框 */
    margin:15px auto;/* 设置标签水平居中 */
    padding:20px;
 }
```

部分标签自带 margin 属性，如 <p><h1> ~ <h6><body> 标签等，在布局排版时需注意。

5. 边界的重叠和溢出

多个垂直排列的块标签的上下边界会出现重叠或溢出的特殊情况，如对课堂练习 1–12–3，我们为标签 <section> 添加背景颜色“background: darkgray”，可看到实际效果如图 1–12–6 所示。

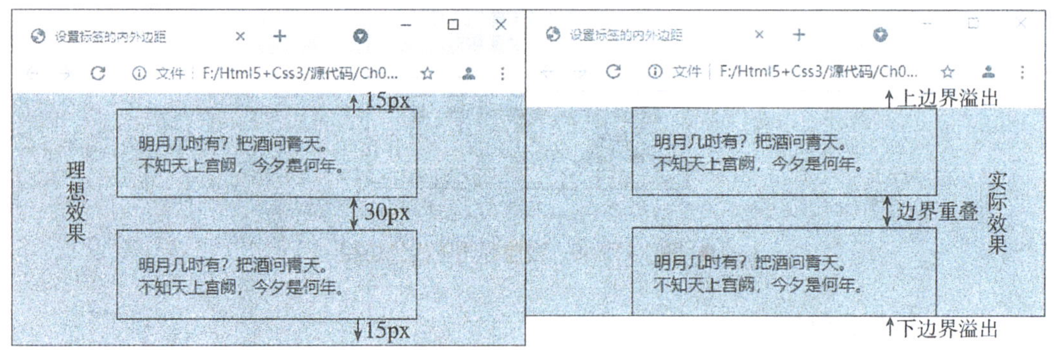

● 图 1–12–6　边界的重叠和溢出效果

从图 1–12–6 中可发现垂直方向上的边界有这些特殊效果：

（1）相互邻接的上下边界会相互重叠，如果上下边界的数值不一样，默认取最大值作为两个标签的边距。

（2）第一个标签的上边界和最后一个标签的下边界会溢出父标签的范围，溢出的边界还是会占用网页面积。

为了解决上下边界的溢出问题，可使用以下两种方法。

（1）使用父标签的填充代替边界。

（2）在开头和结尾的位置分别添加一个高度为 0 px 的块标签，使溢出无效。HTML 代码修改如下：

```
<section>
    <p class="null"> </p>
    <div class="d1">
        <p> 明月几时有？把酒问青天。</p>
        <p> 不知天上宫阙，今夕是何年。</p>
    </div>
    <div class="d2">
        <p> 我欲乘风归去，又恐琼楼玉宇，高处不胜寒。</p>
        <p> 起舞弄清影，何似在人间。</p>
    </div>
    <p class="null"> </p>
</section>
```

CSS 代码补充以下内容：

```
.null{
    line-height:0;
    margin:0;
}
```

标签 <p class="null"> 不能为空，否则无效，所以使用空格“ ”作为内容，并设置行高为 0，使标签无高度，不影响页面效果。最终显示效果如图 1-12-7 所示。

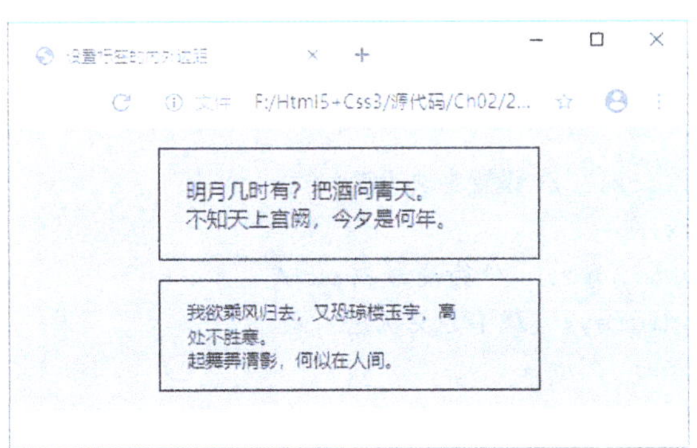

图 1-12-7　溢出无效

6. 标签的类型设置

前面学习过块元素、内联元素等标签类型，其中内联元素标签是无法设置宽度和高度的，这时可通过 CSS 的 display 属性修改标签的类型，将其修改为块元素或内联块元素，使宽、高生效。

语法：display: none | block | inline | inline-block | list-item | …；

其中，none 表示隐藏对象；block 指定对象为块元素；inline 指定对象为内联元素；

inline-block 指定对象为内联块元素；list-item 指定对象为列表元素。

除了以上标签类型外，还有针对表格的 table 类型系列，弹性盒子 flex、inline-flex 类型，请读者自行查阅资料学习。

【课堂练习 1-12-4　使用 display 属性制作垂直排列的超链接列表】

使用 <a> 标签制作如图 1-12-8 所示的样式效果，设置 <a> 标签类型为块元素，使其垂直排列，并设置固定的宽、高为 80 px × 30 px（可添加背景、边界、补白识别标签的区域）。

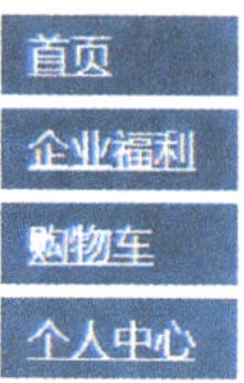

图 1-12-8　垂直排列的超链接列表

HTML 标签代码如下：

```
<a href="#"> 首页 </a>
<a href="#"> 企业福利 </a>
<a href="#"> 购物车 </a>
<a href="#"> 个人中心 </a>
```

CSS 标签代码如下：

```
a{
    display:block;   /* 设置为块元素 */
    width:80px;
    line-height:30px;   /* 行高为 30px*/
    background:gray;   /* 背景为灰色 */
    color:white;
    margin:5px;
    padding-left:10px;
}
```

7. 使用 float 属性设置标签的水平排列

若要使多个标签水平排列，且可控制宽、高，使用块元素和内联元素都不能满足要求，使用内联块元素（inline-block）也不能精确地设置，这时需要使用 CSS 的浮动属性 float。

语法：float:none | left | right;

其中，none 表示元素不浮动；left 表示元素向左浮动；right 表示元素向右浮动。

说明：设置了 float 属性的标签 display 属性将会失去效果（除了 display:none），将采用新的排版规则，标签按设置的方向水平排列，标签之间顶端对齐，宽、高可设置。

例如，为课堂练习 1-12-4 的 <a> 标签添加“float:left;”属性，标签将从垂直排列变为水平排列。显示效果如图 1-12-9 所示。

如果将标签设置为“float:right;”标签将从右向左依次排列，如图 1-12-10 所示，注意标签的排列顺序。

首页 企业福利 购物车 个人中心

● 图 1-12-9 从左向右水平排列的超链接列表

个人中心 购物车 企业福利 首页

● 图 1-12-10 从右向左水平排列的超链接列表

我们可以使用 float 属性对网页进行定位，float 定位只能在水平方向上定位，而不能在垂直方向上定位。它是在网页布局制作过程中使用最多的定位方式，通过设置浮动定位可以将网页中的块状元素在一行中显示。

【课堂练习 1-12-5 使用 float 属性进行网页布局】

HTML 标签代码如下：

```
<div class="main">
    <header> 头部 </header>
    <article> 主栏 </article>
    <aside> 侧边栏 </aside>
        <footer> 底部 </footer>
</div>
```

CSS 标签代码如下：

```
*{/* 清除标签默认样式 */
margin:0px;
padding:0px;
}
.main{
    width:500px;
    margin:0 auto;/* 设置网页居中对齐 */
}
header,aside,article,footer{
    background:gray;/* 背景颜色 */
    border:1px solid black    /* 边框 */
}
aside{float:right;/* 向右浮动 */
    width:30%;height:100px;
}
```

```
article{float:left;/* 向左浮动 */
    width:60%;height:100px;
}
```

显示效果如图 1–12–11 所示。

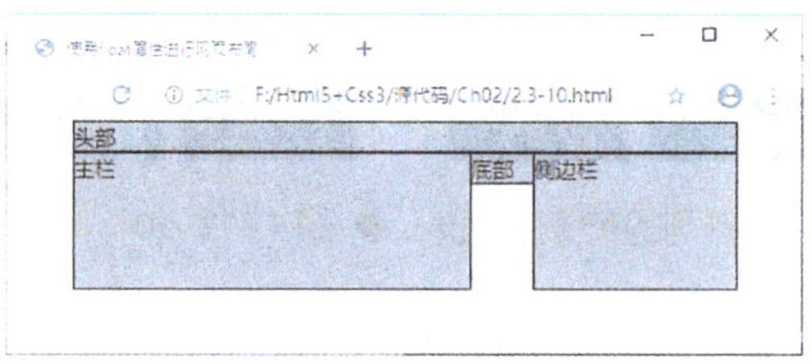

● 图 1–12–11　使用 float 属性进行网页布局

8. 使用 clear 属性清除 float 属性对后续标签带来的影响

从图 1–12–11 中可看出，设置了 float 的标签并不占用网页的面积，后面不设置 float 的标签会与其重合，文字会以环绕方式排列。

为了避免这种情况，可对紧接浮动标签的后一个标签设置浮动清除（clear）属性，该属性可让浮动标签恢复为占用网页面积的状态，可停止浮动标签对后续内容的影响。

语法：clear: none | both | left | right;

（1）none 是默认值，允许两边都存在浮动元素，当前元素不会主动换行显示。

（2）both 表示清除左右两边浮动元素，无论哪边存在浮动对象，当前元素都会换行显示。

（3）left 表示清除左边浮动元素。如果左边存在浮动元素，则当前元素会换行显示。

（4）right 表示清除右边浮动元素。如果右边存在浮动元素，则当前元素会换行显示。

一般情况，会在浮动标签后，使用一个空的 <div> 标签来实现浮动清除，该标签在页面中不可见。课堂练习 1–12–5 中的 HTML 代码修改如下：

```
<div class="main">
    <header> 头部 </header>
    <article> 主栏 </article>
    <aside> 侧边栏 </aside>
    <div class="clear"></div>
    <footer> 底部 </footer>
</div>
```

CSS 代码补充以下内容：

```
.clear{clear:both}
```

修改后显示效果如图 1-12-12 所示。

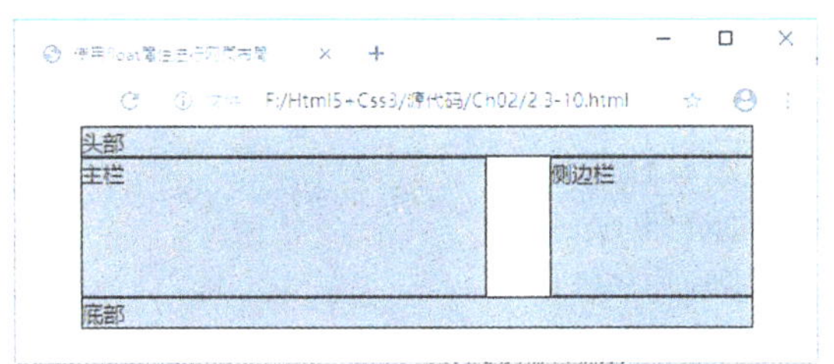

● 图 1-12-12 清除 float 属性给后续标签带来的影响

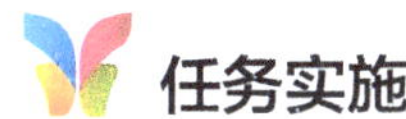

任务实施

下面的操作内容是在上一任务的基础上进行补充和修改，前面已编写的代码将不再重复写出。

（1）在 CSS 的“通用样式设定”部分，补充下面的内容：

1）清除所有标签自带的内外边距值。

2）设置 <article> 标签的补白。

3）设置段落的补白。

4）定义“.clear”选择符，用于清除浮动。

5）定义“.center”选择符，用于设置文本居中。

```
*{padding:0;
margin:0}
article{padding:3rem 30px 3rem;}
p{padding:0.625rem 0;}
.clear{clear:both;}
.center{text-align:center;}
```

（2）设置 <header> 部分的样式，添加填充产生间距，高度可不设置，将根据内容的高度自动适应，宽度将自动与浏览器宽度保持一致。将 <header> 内的 LOGO“D 清单”设置为左浮动，<nav> 设置右浮动，但该部分暂时不设置，为了不影响页面的排版，可设置为隐藏。另外，要在浮动的结尾添加清除浮动的标签。

HTML 标签代码如下：

```
<!-- 网页头部 -->
<header>
    <a href="#" class='logo'>
        <img src="img/logo.png">
```

```
        </a>
        <nav>
            <span class="icon_menu"></span>
            <ul>
                <li> 首页 </li>
                <li> 功能介绍 </li>
                <li> 下载应用 </li>
                <li> 高级会员 </li>
                <li> 帮助中心 </li>
                <li> 联系我们 </li>
            </ul>
        </nav>
        <div class="clear"></div>
    </header>
```

CSS 标签代码如下：

```
/* 网页头部样式设定 */
header{padding:20px;}
header .logo{
    float:left;
    font-size:2.6rem;
}
header nav{
    float:right;
    width:54px;
    margin:4px;
    display:none;  /* 暂时隐藏 */
}
```

显示效果如图 1-12-13 所示。

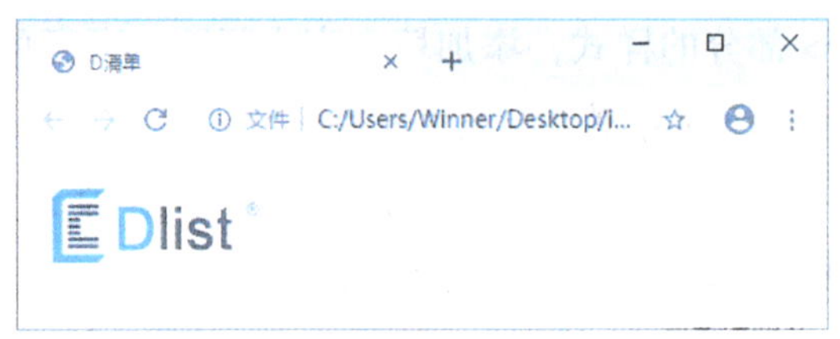

图 1-12-13　设置为左浮动效果

（3）设置“home”部分，为该模块的 <article> 标签添加“class='home center'”，附加文字居中效果。

HTML 标签代码如下：

```
<!--home 模块 -->
<article class='home center'>
    <h1> 达成更多，用心生活。</h1>
    <p> 与全球千万用户一起，在 D 清单中记录和规划大小事务。<br>
        用更少的时间达成目标，从冗杂的待办事项中解脱出来。</p>
    <a href="#">100% 免费 - 下载应用 </a>
</article>
```

CSS 标签代码如下：

```
/*home 模块样式设定 */
.home h1{color:#1B75BC;}
.home a{font-weight:600;}
.home{background:darkgrey;}/* 设置临时背景色 */
.home p{font-size:20px;}
```

显示效果如图 1-12-14 所示。

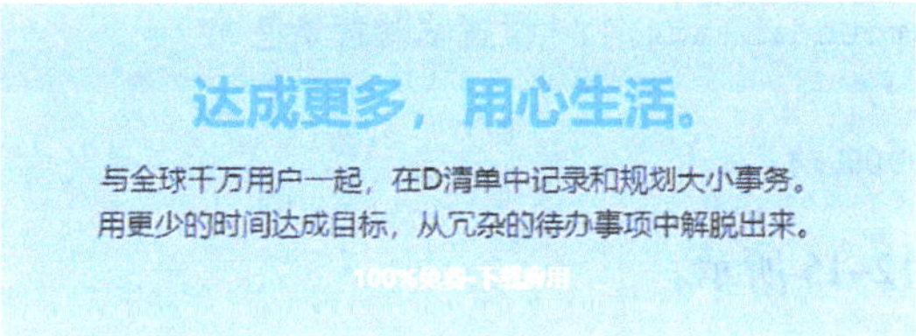

● 图 1-12-14 home 模块设置效果

（4）后面几个模块（about、apply、member、help）的结构相同，为这些模块的 <article> 标签添加对应的 class。

HTML 标签代码如下：

```
<!--about 模块 -->
<article class="about center">
    ……①
</article>
<!--apply 模块 -->
<article class='apply center white'>
    ……
</article>
<!--member 模块 -->
<article class='member center white'>
```

① 各模块具体代码内容在第一阶段已完成，此处略去。

```
    ……
</article>
<!--help 模块 -->
    ……
</article>
```

CSS 标签代码如下：

```
/* 通用样式设定 */
.white{color:white;}
/*about 模块设定 */
.about p{font-size:14px;padding:1rem 0;}
.about .left{text-align:left;}
/*apply 模块设定 */
.apply{background:royalblue;/* 设置临时背景颜色 */}
.apply p{font-size:14px;}
.apply section{padding:1rem 0;}
.apply div{padding:50px 0 20px 0;}
.member{background:black;}/* 设置临时背景色 */
/*help 模块设定 */
video{width:100%;}
```

显示效果如图 1-12-15 所示。

高级会员

在所有平台上享有多项高级功能、10倍清单和任务数量，助您实现更多目标和可能。

现在就升级

一年高级会员只需￥139（每月仅￥11.6）

可以在手机端使用

#	特权	普通用户	高级会员
1	文件夹、清单、任务和子任务	√	√
2	智能清单和自定义智能清单	√	√
3	标签	√	√
4	多优先级	√	√
5	排序	√	√
6	搜索	√	√
7	日历小部件	×	√
8	不限清单	×	√
9	子任务提醒	×	√
10	清单摘要	×	√

帮助中心

在所有平台上使用D清单管理一切

入门指南

一分钟视频教程，快速上手D清单

进阶使用

便捷省心的应用操作技巧

时间管理方法论

在D清单中实践GTD、四象限，习惯养成

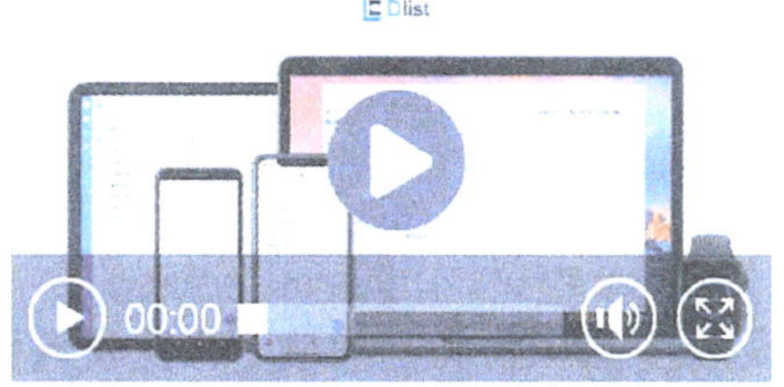

图 1-12-15　设置相同模块

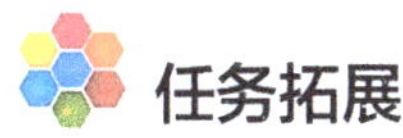

任务拓展

现在大部分浏览器支持的是 W3C 标准的盒模型（标准模型），但 IE 浏览器沿用的是怪异盒模型。

在 CSS 布局中，除了水平排列、垂直排列的常规方式外，还有另外一种布局方式——“定位”。

扫描右侧二维码了解相关知识。

任务 13　美化网页元素背景

任务目标

1. 能够使用 CSS 的 background-color 属性设置标签的纯色背景。
2. 能够使用 background 各个属性设置背景图像及其样式效果。
3. 能够使用 linear-gradient、radial-gradient 为背景添加渐变效果。
4. 能够使用 background 的相关属性设置多背景图像效果。
5. 能够综合运用背景样式设置网页元素背景。

任务描述

本次任务根据页面效果图，使用 CSS 样式代码，在任务 12 的基础上美化网页元素背景，包括：为 D 清单网页的 home、apply、member、contact 模块设置对应的背景样式；将 member 模块背景图片铺满整个模块，并相对于窗体固定；根据不同的背景色去修改文字的颜色及水平线的设置。

任务分析

在学习以下知识技能的基础上，完成**网页元素的背景美化**。

1. 添加背景颜色、背景图片的语法。

2. 设置背景图像相关样式的语法。

D 清单网页效果图中的背景效果如图 1-13-1 所示，本任务需完成的内容已用红框圈出。

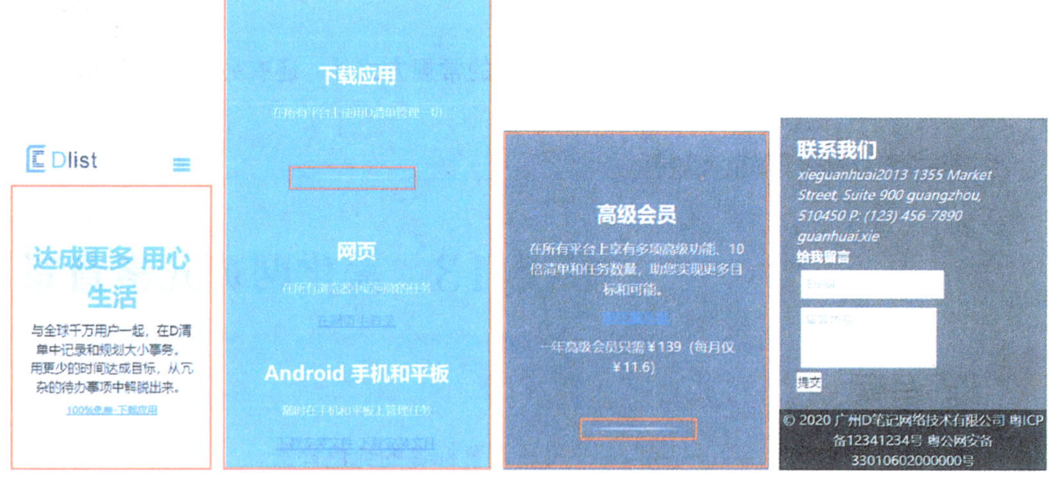

图 1-13-1　效果图中的背景效果

知识与技能准备

HTML 中的 background 属性只能为 <body><table><td> 等几个少数的标签定义背景图像，使用 bgcolor 属性定义背景颜色。而在 CSS 中使用 background 属性可以为所有的元素定义背景图像和背景颜色。下面介绍 background 背景样式的常用属性。

1. background-color：背景颜色

background-color 属性设置元素的背景颜色，该属性是设置元素的一种纯色。这个属性会填充元素的内容、内边距和边框区域。

语法：background-color: transparent | color;

（1）transparent：默认值，透明色。

（2）取值：颜色关键词 | 十六进制颜色值 | RGB 色 | RGBA 色。

- 颜色关键词：如 red、green、blue 等颜色对应的英文单词。
- 十六进制颜色值：如 #FF0000、#0F0 等以 # 开头的十六进制数值。
- RGB 色：如 rgb (255, 0, 0)、rgb (0, 255, 0)、rgb (0, 0, 255) 等 RGB 代码的颜色值。
- RGBA 色：和 RGB 相似，但比 RGB 多了一个透明的参数值，透明的参数值取值范围是 0 ~ 1，如 rgba (255, 0, 0, 0.5)。

【课堂练习 1-13-1　使用背景颜色属性设置背景颜色】

HTML 标签代码如下：

```
背景颜色 <br>
    background-color:paleturquoise;
```

CSS 标签代码如下：

```
body{
    background-color:paleturquoise;
}
```

显示效果如图 1-13-2 所示。

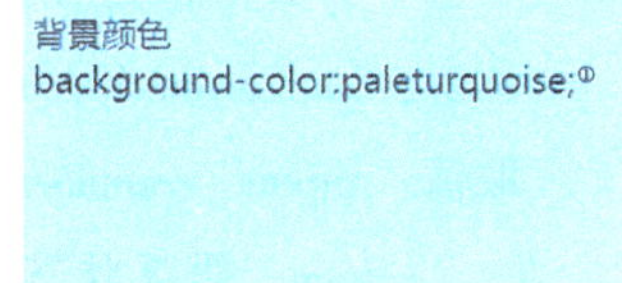

图 1-13-2　背景颜色效果

2. background-image：背景图像

background-image 属性设置元素的背景图像，这个属性占据了元素的内边距和边框区域，但不包括外边距。如果同时设置了背景图像和背景颜色，背景图像会覆盖背景颜色。背景图像默认位于所设置元素的左上角，并在水平和垂直方向上重复。

语法：background-image: url (图片路径);

取值：默认值是 none，图片路径可以是绝对路径或相对路径。这里的相对路径是相对于样式表的。一般网站都会建一个图片文件夹 images（或 img），将图片都放在该文件夹中，建一个样式 CSS 文件夹，用于存放样式文件。

注意：背景图片中的 URL 导入的图像可以是任意类型的，但是符合网页显示的格式一般为 JPG、GIF 和 PNG。

---

① 本书中为便于说明，在部分图片上添加了注释文字，这些文字并非页面显示效果的组成部分。

【课堂练习 1-13-2　使用背景图像属性设置背景图像】

HTML 标签代码如下：

```
background-image：背景图像
```

CSS 标签代码如下：

```
body{
    background-image:url(images/img.jpg);
 }
```

显示效果如图 1-13-3 所示。

● 图 1-13-3　背景图像效果

3. background-repeat：背景图像重复

background-repeat 属性设置元素背景图像的显示方式是否重复及如何重复，该属性默认状态下背景图像是在水平和垂直方向上进行重复。

语法：background-repeat: 关键词；

取值：repeat | repeat-x | repeat-y | no-repeat。

（1）repeat：默认状态，背景图像在水平和垂直方向重复。

（2）repeat-x：背景图像在水平方向重复。

（3）repeat-y：背景图像在垂直方向重复。

（4）no-repeat：背景图像不重复。

背景图像重复效果如图 1-13-4 所示。

● 图 1-13-4　背景图像重复效果

4. background-position：背景图像位置

background-position 属性设置元素背景图像的起始位置，默认状态下背景图像在元素的左上角显示。

语法：background-position: 水平方向值　垂直方向值；

取值：方位数值 | 方位关键词。

（1）方位数值：以 % 或 px 为单位的数值。方位数值可以是负值，图像以元素的左上角为原点坐标，按数值向水平方向或垂直方向上偏移。

（2）方位关键词：left | center | right | top | bottom。例如，取值“left top”，图像从元素标签的左上角开始排列；取值“center right”，图像从元素标签的右部居中位置开始排列。

注意：该属性一般填 2 个参数值，但 CSS3 已允许填写 4 个值，参数值之间用空格隔开。方位数值与方位关键词可以混合使用。

如果填写 1 个参数值，该值用于水平方向，垂直方向将默认为 50%（即 center）。

如果填写 2 个参数值，第一个用于水平方向，第二个用于垂直方向。

如果填写 3 个参数值，必须至少有一个是方位关键词，有一个是偏移值，偏移值必须跟在方位关键词后面。正确填写如：left 10px bottom；错误填写如：10px left bottom。

如果填写 4 个参数值，就是 2 个方位关键词，2 个偏移值，同样偏移值必须跟在方位关键词后面，如：left 10px bottom 10px。

背景图像位置的设置效果如图 1-13-5 所示。

图 1-13-5　背景图像位置的设置效果

【课堂练习 1-13-3　使用背景属性显示特定的图标】

图片素材（160 px × 160 px）如图 1-13-6 所示，其中整合了 4 行 4 列共 16 个图标，每个图标的大小都是 40 px × 40 px。

在网页中设置多个 40 px × 40 px 的块标签，并为块标签设置圆形的边框，使用背景属性将图片中特定的图标分别显示在每个块标签中。

（1）制作多个相同样式的 <div> 标签，设置相同的样式和背景图片。

HTML 标签代码如下：

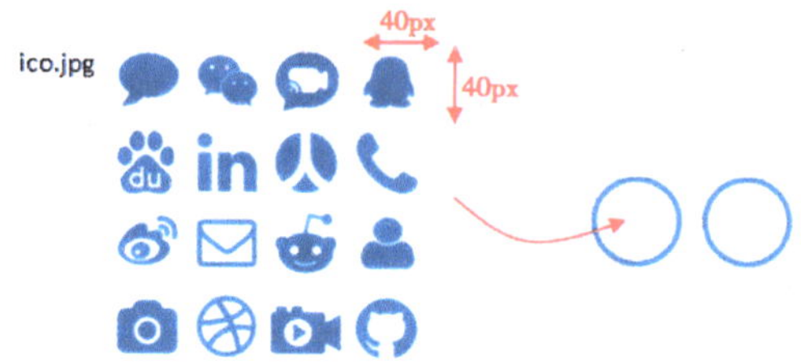

● 图 1-13-6　素材图片及块标签效果

```
<!--ico 为标签的通用样式选择符，ico1、2、3 为独立样式 -->
<div class="ico ico1"></div>
<div class="ico ico2"></div>
<div class="ico ico3"></div>
<div class="ico ico4"></div>
<div class="ico ico5"></div>
```

CSS 标签代码如下：

```
.ico{
    background-image:url(img/ico.jpg);
    margin:5px;
    height:40px;
    width:40px;
    float:left;     /* 浮动 */
    border:2px solid #06f;     /*2px 蓝色实线边框 */
    border-radius:50%;     /* 圆形边框 */
}
```

显示效果如图 1-13-7 所示。

● 图 1-13-7　背景图标设置效果

可通过 background-position 属性分别设置每个标签背景图片的位置，使块标签显示特定的图标。因为每个图标大小都是 40 px × 40 px，所以使用 40 px 或者 100% 作为一个图标的单位来设置显示的特定图标，如要显示第 1 行第 2 个图标，坐标参数可以为“–40px 0”或“–100% 0”；要显示第 2 行第 1 图标，坐标参数可以为“0 –40px”或“0 –100%”。需要注意的是，参数的正负值会影响背景图片移动的方向。

（2）根据图标的位置属性，更改坐标位置参数，显示特定的图标。

CSS 标签代码如下：

```
/* 显示第 1 行第 3 列的图标 */
.ico1{background-position:-80px 0;}
/* 显示第 4 行第 3 列的图标 */
.ico2{background-position:-80px 40px;}
/* 显示第 4 行第 1 列的图标 */
.ico3{background-position:0px 40px;}
/* 显示第 4 行第 4 列的图标 */
.ico4{background-position:40px 40px;}
/* 显示第 4 行第 2 列的图标 */
.ico5{background-position:-40px -120px;}
```

显示效果如图 1-13-8 所示。

图 1-13-8　背景图标设置最终效果

5. background-size：背景图像大小

background-size 属性是指定背景图像的大小，在 CSS3 之前背景图像的大小是由图片的实际大小决定的，而 CSS3 可以规定背景图像的大小。

语法：background-size: 值 ;

取值：缩放数值 | 关键词。

（1）缩放数值：以 px 为单位，用长度值指定背景图像的大小。以 % 为单位，用百分比指定背景图像的大小，这个百分比是相对于父标签的宽高的百分比。该缩放数值不允许为负值。

（2）关键词：auto | cover | contain。

1）auto：默认值，背景图像的真实大小。

2）cover：将背景图像等比缩放到铺满标签，背景图像有可能超出标签范围。

3）contain：将背景图像等比缩放到宽度或高度与标签的宽度或高度相等，背景图像始终被包含在标签内，在标签中可看到全部图像内容。

背景图像大小的设置效果如图 1-13-9 所示。

注意：如果只写一个参数值，用于指定背景图像的宽度，第 2 个值默认为 auto，这时背景图像是以填写的宽度作为参照等比例缩放。如果填写 2 个参数值，第 1 个指定背景图像的宽度，第 2 个指定背景图像的高度。cover、contain 两个关键词不能填写两个参数值。

● 图 1-13-9 背景图像大小的设置效果

6. background-attachment：背景图像相对位置

默认情况下，当网页文档比较长，在向下滚动时，背景图像也会随之滚动。当网页文档滚动到超过图像的位置时，图像就会消失。通过 background-attachment 属性可以防止这种滚动。

语法：background-attachment: 关键词；

取值：fixed | scroll | local。

（1）fixed：背景图像相对于窗体固定，网页文档滚动时，图片不会随元素一起滚动。

（2）scroll：默认状态，背景图像相对于元素固定，网页滚动时，图片会随元素内容一起滚动。但元素内部滚动时，图片不会随元素内容一起滚动。

（3）local：背景图像相对于元素内容固定，标签内容滚动时，图片会随标签内容一起移动。

例如，该属性取值为 fixed 时，背景图像相对于窗体固定的效果如图 1-13-10 所示。

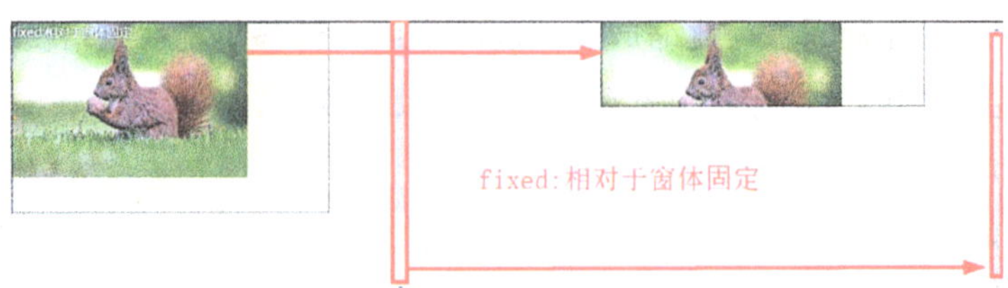

● 图 1-13-10 背景图像相对于窗体固定效果

注意：如果在元素中设置了 fixed 效果，那么背景图像的 background-position、background-size 属性将以浏览器窗口作为基准。例如，设置了“background-size: 100%

100%;”效果，该背景图像就会和浏览器窗口同样大小，而“background-position: center center;”表示背景图像放置在浏览器窗口的正中央。

背景图像相对于元素固定、相对于元素内容固定的效果分别如图 1-13-11、图 1-13-12 所示。

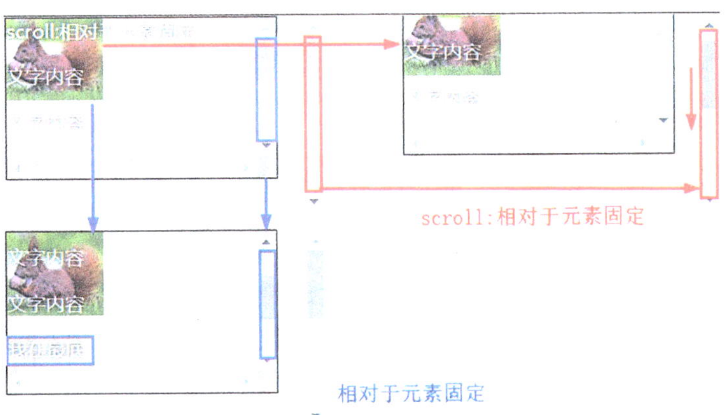

图 1-13-11　背景图像相对于元素固定效果

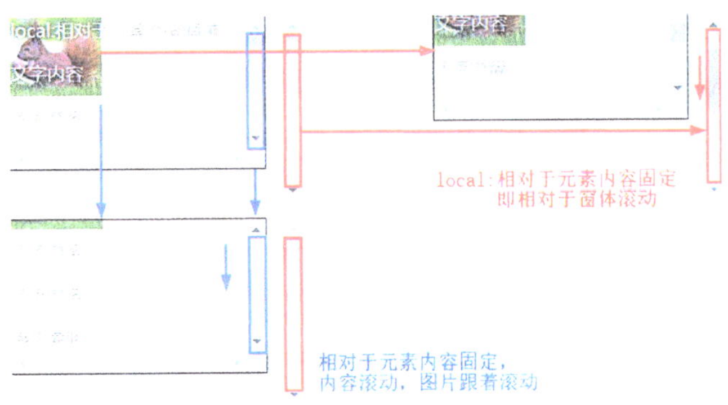

图 1-13-12　背景图像相对于元素内容固定效果

7. background-origin：背景图像的开始显示位置

语法：background-origin: 关键词；

取值：border-box | padding-box | content-box。

（1）border-box：从 border（边框）开始显示背景图像。

（2）padding-box：默认值，从 padding（内补白）开始显示背景图像。

（3）content-box：从 content（内容）开始显示背景图像。

这三个关键词的范围如图 1-13-13 所示，背景图像的开始显示位置效果如图 1-13-14 所示。

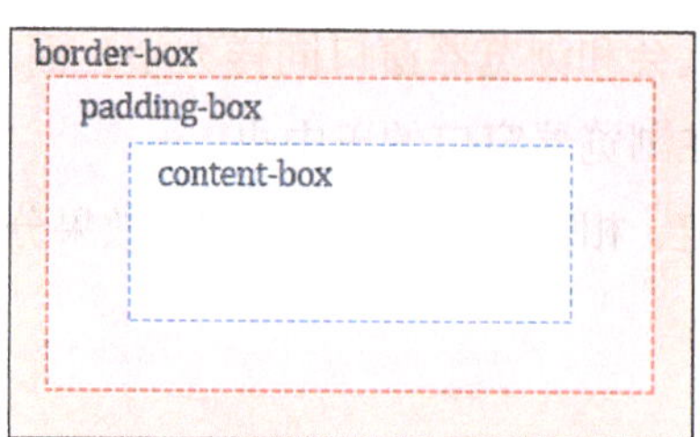

图 1-13-13　三个关键词的范围

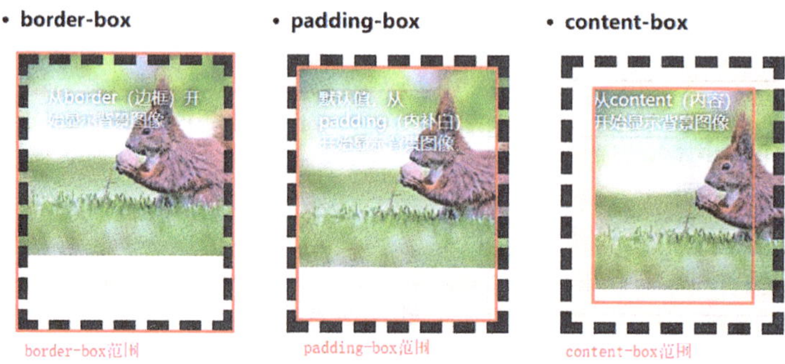

图 1-13-14　背景图像的开始显示位置效果

8. background-clip：背景图像的开始剪切位置

语法：background-clip: 关键词；

取值：border-box | padding-box | content-box | text。

（1）border-box：默认值，从外边框开始剪切背景图像。

（2）padding-box：从内边距开始剪切背景图像。

（3）content-box：从内容区开始剪切背景图像。

（4）text：从前景内容的形状（如文字）作为裁剪区域向外裁剪，可实现使用背景图像作为形状的填充色遮罩效果。

注意：遮罩效果只能在基于 Webkit 内核的浏览器中生效。

背景图像的开始剪切位置效果如图 1-13-15 所示。

图 1-13-15　背景图像的开始剪切位置效果

9. background：背景综合属性

语法：background: 图片路径 重复 位置 / 大小 相对位置 开始显示位置 开始剪切位置 颜色；

取值：综合属性各值之间用空格隔开，各属性值不分先后顺序，但“位置 / 大小”两个属性必须按这个格式编写。各个属性值都可选填，如果不填写，就自动设置成原属性的默认值。

CSS 标签代码如下：

```
background:url(images/img.jpg)repeat-x 0 0/300px padding-box content-box
#FAEBD7;
```

与上面语法一一对应的背景设置效果如图 1-13-16 所示。

● 图 1-13-16 背景综合属性效果

【课堂练习 1-13-4 制作网站“关于我们”首页】

根据所提供的图片素材制作如图 1-13-17 所示效果的“关于我们”首页，具体要求如下：

● 图 1-13-17 网站“关于我们”首页效果

窗体背景颜色为 #F4F4F4，最小高度设置为 900 px。

页面主体部分占窗体宽的 80%，高 600 px，距离窗体顶部 70 px，适当添加填充产生间距，主体部分背景图片相对于窗体固定，图片顶部居中铺满标签。

文章部分适当添加填充产生间距，背景为透明度 90% 的明黄色 rgba (252, 220, 0, 0.9)，并在文章部分的背景中下部（偏移下部 40 px）添加图标图片，图片大小是 50 px；文章部分居中显示在主体部分中。

（1）窗体的背景可通过 <body> 标签设置，CSS 设置如下：

```
body{
    margin:0;     /* 清除网页边距 */
    background-color:#f4f4f4;
    min-height:900px;/* 网页最小高度 */
}
```

（2）在 <body> 中添加一个标签设置网页主体部分，网页主体部分占窗体宽的 80%，高 600 px，背景图片顶部居中并铺满标签，相对于窗体固定，适当添加填充产生间距，距离窗体顶部 70 px。

HTML 标签代码如下：

```
<div class="main">/* 网页主体标签 */
</div>
```

CSS 标签代码如下：

```
.main{
    width:80%;
    height:600px;
    background:url(images/home-banner.jpg)top center/cover fixed;
    box-sizing:border-box;  /* 怪异盒模型 */
    margin:70px auto;  /* 上下外边界 70px 并水平居中 */
    padding:140px 45px;
}
```

（3）在主体部分添加文章部分内容，文章部分适当添加填充产生间距，背景为透明度 90% 的明黄色 rgba (252, 220, 0, 0.9)，并在文章部分的背景中下部（偏移下部 40 px）添加图标图片，图片大小是 50 px；文章部分居中显示在主体部分中。

颜色的透明度是通过 Alpha 值来控制的，所以这里需要使用 RGBA 色，通过最后一个参数的 0 ~ 1 的变化来控制透明度。

HTML 标签代码如下：

```
<div class="main">/* 网页主体标签 */
    <div class="content">
        <h1>ABOUT US</h1>
        <p>Lorem ipsum dolor sit amet,Sed ut perspiciatis unde omnis
iste natus error sit voluptatem.Lorem ipsum dolor sit amet,Sed ut
perspiciatis unde omnis iste natus error sit voluptatem Lorem ipsum
dolor sit amet.</p>
    </div>
</div>
```

CSS 标签代码如下：

```
.content{
    text-align:center;    /* 文字居中 */
    background:rgba(252,220,0,0.9)url(images/arrow.png)no-repeat
center bottom 40px/50px;
    padding:30px 30px 100px;
    box-sizing:border-box;    /* 怪异盒模型 */
}
.content h1{
    color:white;    /* 标题文字白色 */
}
```

10. 使用 CSS 添加渐变效果

渐变就是两个或两个以上的颜色搭配使用，逐渐过渡，制作出丰富的背景色，使背景更加绚丽多彩，从而减少图片的使用数量。渐变效果具有很强的适应性和可拓展性。background-color 只能做纯色背景，渐变效果是作为 background-image 属性添加到背景中的，所以不能和 url ( ) 同时使用，却能和背景颜色一起使用。渐变效果可分为线性渐变、径向渐变。

（1）线性渐变：linear-gradient ( )

线性渐变 linear-gradient ( ) 是定义背景沿着某条直线朝一个方向产生渐变效果。

linear-gradient ( ) 类似于 #FFF，是一种颜色值数，并非属性，需要配合 background 等其他属性一起使用。

语法：linear-gradient (渐变方向 , 颜色值 1 位置点 1, 颜色值 2 位置点 2, …)

渐变方向：可使用角度（deg）或关键词来指定渐变方向，可不填，默认方向为从上到下。

1）角度：数值 +deg，如 45 deg 代表从左下角到右上角进行渐变，90 deg 代表从左到右进行渐变。

2）关键词：to 方位词，方位词可以是 1 个或 2 个，2 个方位词代表是对角线方向。

to top：从下到上渐变，相当于 0 deg。

to right：从左到右渐变，相当于 90 deg。

to bottom：默认值，从上到下渐变，相当于 180 deg。

to left：从右到左渐变，相当于 270 deg。

to right bottom：从左上角到右下角渐变，相当于 135 deg。

位置点：用百分比或以 px 为单位表示，位置点决定该颜色值在渐变方向上的位置。如果不填写，代表第一个颜色位置点默认为 0%，最后一个颜色位置点默认为 100%，颜色将从 0% 到 100% 平均分配位置。例如，“red, blue”与“red 0%, blue 100%”效果是一样的。颜色值与位置点之间用空格隔开，各个颜色值之间用逗号隔开。

各种线性渐变效果如图 1-13-18 所示。

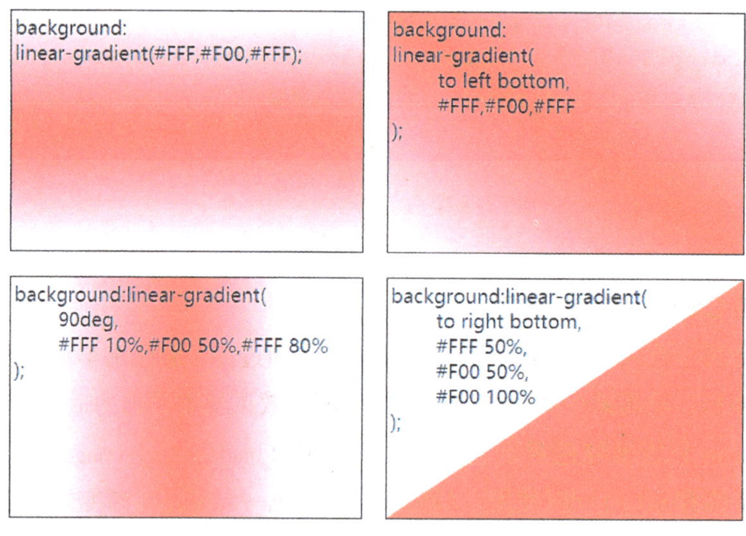

图 1-13-18　线性渐变效果

【课堂练习 1-13-5　制作“关于我们”网页标题的渐变色背景】

为课堂练习 1-13-4 的“关于我们”标题设置渐变色背景，渐变方向从左下角到右上角，颜色白色，透明度从 80% 渐变到 0% 再到 80%，如图 1-13-19 所示。

ABOUT US

图 1-13-19　“关于我们”网页标题的渐变色效果

渐变的参数可不填写，默认从标签的开头位置渐变到尾部。

CSS 标签代码如下：

```
.content h1{
    background:linear-gradient(
        45deg,
        rgba(255,255,255,0.8),
        rgba(255,255,255,0),
        rgba(255,255,255,0.8)
    );
}
```

【课堂练习 1-13-6 制作“关于我们”网页文章内容区的一个切角效果】

为课堂练习 1-13-4 的“关于我们”文章内容区制作切角效果，在内容区左下角制作一个边长为 20 px 的直角三角形切角，如图 1-13-20 所示。

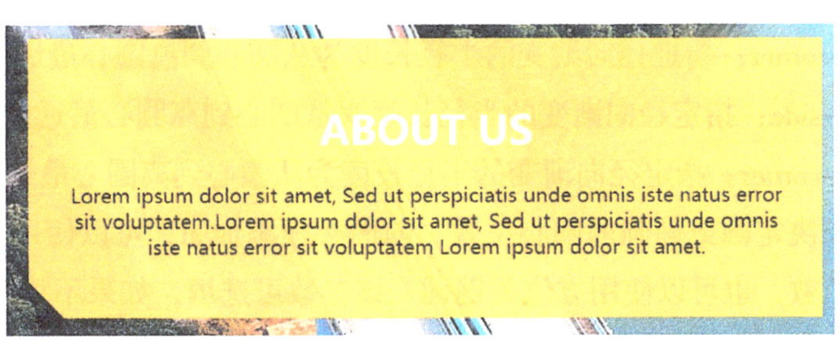

● 图 1-13-20 “关于我们”网页文章内容区的一个切角效果

如果用渐变效果实现切角效果，原来的背景图片就不能再使用，而这里运用了透明色实现切角效果。

CSS 标签代码如下：

```
.content{
    text-align:center;
    margin:10px 20px;
    background:linear-gradient(
        45deg,
        transparent 20px,
        rgba(252,220,0,0.9)0
    );
    /* 背景填充 90% 透明的明黄色，左下角 20px 的直角三角形透明色进行遮罩 */
    padding:30px;
    box-sizing:border-box;  /* 怪异盒模型 */
}
```

（2）径向渐变：radial-gradient ()

径向渐变 radial-gradient () 是定义背景从一个中心点开始沿四周产生圆形或椭圆形的渐变效果。径向渐变相对于线性渐变要复杂，属性参数更多。

语法：radial-gradient (渐变形状 渐变大小 at 圆心位置 , 颜色值 1 位置点 1, 颜色值 2 位置点 2, …)

渐变形状：定义径向渐变形状的关键词，ellipse（默认值）代表椭圆形，circle 代表圆形。如果是正方形的元素，椭圆和圆形显示是一样的。

渐变大小：定义径向渐变的结束形状大小，可以填写具体的参数值，可选填，通常只填写一个参数代表圆形，若填写两个参数，则代表椭圆形。如果不填写，默认值为 farthest-cornor。也可以通过以下关键词决定半径取值。

1）closest-side：指定径向渐变的半径长度为从圆心到离圆心最近的边。

2）closest-corner：指定径向渐变的半径长度为从圆心到离圆心最近的角。

3）farthest-side：指定径向渐变的半径长度为从圆心到离圆心最远的边。

4）farthest-corner：指定径向渐变的半径长度为从圆心到离圆心最远的角。

圆心位置：决定圆或椭圆的圆心位置，前面必须添加 at，可以使用 px 或 % 单位的数值，可以是负数，也可以使用方位关键词。该参数可选填，如果不填写，默认取值为 center。圆心位置有两个参数，第一个是横坐标的值，第二个是纵坐标的值，如果只写一个参数，第二个默认为 center。各关键词如下：

1）left：指定左边为径向渐变圆心的横坐标值。

2）center：指定中间为径向渐变圆心的横坐标值或纵坐标值。

3）right：指定右边为径向渐变圆心的横坐标值。

4）top：指定顶部为径向渐变圆心的纵坐标值。

5）bottom：指定底部为径向渐变圆心的纵坐标值。

说明：颜色值和位置点用法与线性渐变一样。

各种径向渐变效果如图 1-13-21 所示。

【课堂练习 1-13-7　制作“关于我们”网页文章内容区的段落径向渐变色背景】

为课堂练习 1-13-4 的“关于我们”文章内容区的段落设置径向渐变色背景，如图 1-13-22 所示，具体要求是横向结束在原标签 80% 处，纵向结束在原标签的 50% 处，圆心在右上角，开始颜色为透明度为 60% 的白色，过渡到全白，结束颜色为完全透明的白色，文字段落行高设置为 3 倍字体大小。

渐变的参数可不填写，默认从标签的开始到结束平均分配。

CSS 标签代码如下：

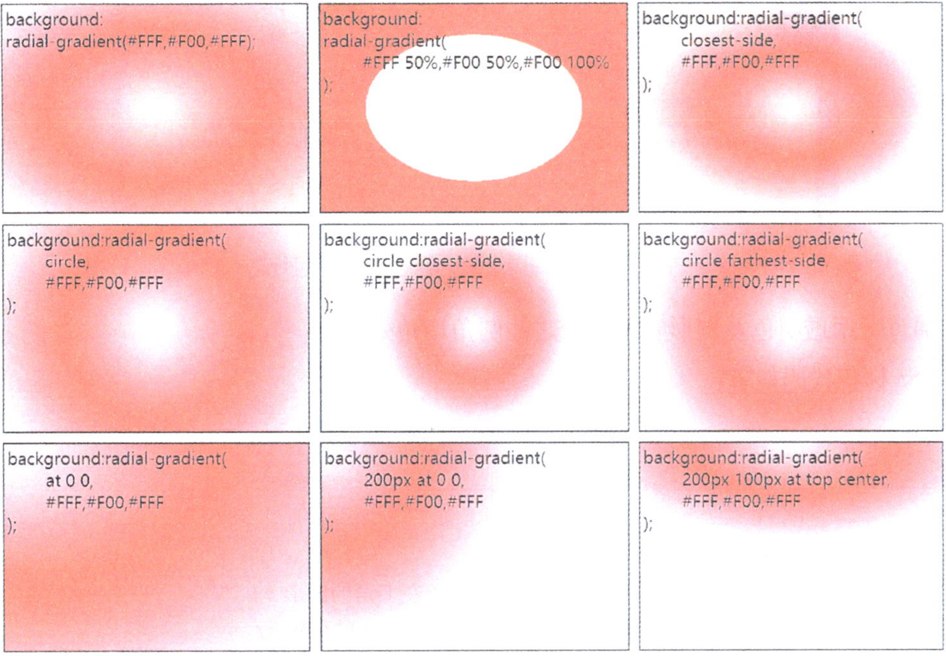

● 图 1–13–21　径向渐变效果

Lorem ipsum dolor sit amet, Sed ut perspiciatis unde omnis iste natus error sit voluptatem.Lorem ipsum dolor sit amet, Sed ut perspiciatis unde omnis iste natus error sit voluptatem Lorem ipsum dolor sit amet.

● 图 1–13–22　“关于我们”网页文章内容区的段落径向渐变效果

```
.content p{
   background:radial-gradient(
      80% 50% at right top,
      rgba(255,255,255,0.6),
      rgba(255,255,255,1),
      rgba(255,255,255,0)
   );
   line-height:3em;
}
```

【课堂练习 1-13-8　制作“关于我们”网页文章内容区的一个四分之一圆角切角效果】

为“关于我们”文章内容区制作切角效果，在内容区左上角制作一个半径为 50 px 的四分之一圆角切角，如图 1–13–23 所示。

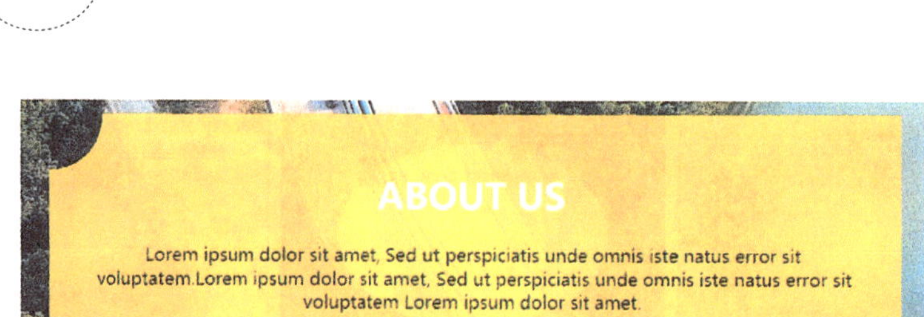

● 图 1-13-23 “关于我们”网页文章内容区的一个四分之一圆角切角效果

通过运用透明色及圆形实现四分之一圆角切角效果。

CSS 标签代码如下：

```
.content{
    text-align:center;
    margin:10px 20px;
    background:radial-gradient(
        circle at top left, /* 圆心位于左上角的圆形 */
        transparent 50px,   /* 透明色到 50px 的位置 */
        rgba(252,220,0,0.9)0
        /* 其他背景色填充为透明度 90% 的明黄色 */
    );
    padding:30px;
    box-sizing:border-box;    /* 怪异盒模型 */
}
```

（3）重复渐变：repeating-linear-gradient ( )、repeating-radial-gradient ( )

渐变效果还有重复线性渐变 repeating-linear-gradient ( ) 和重复径向渐变 repeating-radial-gradient ( )，效果如图 1-13-24 所示。

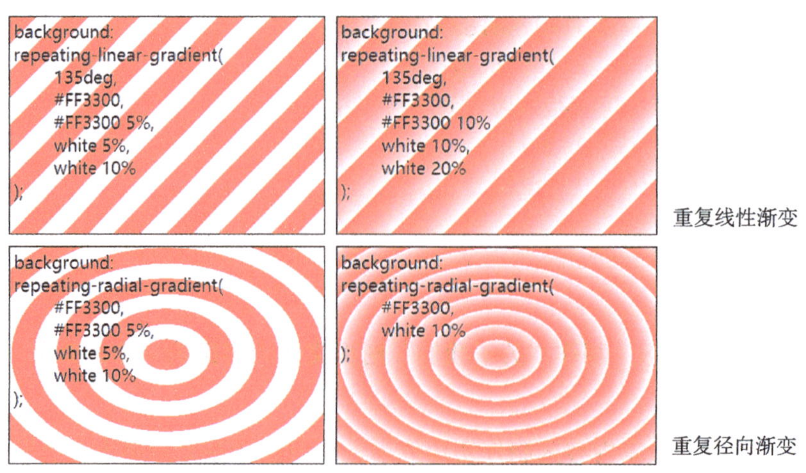

● 图 1-13-24 重复渐变效果

【课堂练习 1-13-9 制作“关于我们”网页文章内容区标题与段落的分隔线效果】

为“关于我们”文章内容区标题与段落制作分隔线效果，制作一条颜色为 #9538EC、#009DFF 间隔的分隔线效果，如图 1-13-25 所示。

在标题和段落之间添加一个标签，通过运用透明色及 #9538EC、#009DFF 的重复渐变实现分隔线效果。

HTML 标签代码如下：

● 图 1-13-25 “关于我们”网页文章内容区标题与段落的分隔线效果

```
<div class="main">     /* 网页主体标签 */
    <div class="content">
        <h1>ABOUT US</h1>
        <div class="line"></div>
        <p>……① </p>
    </div>
</div>
```

CSS 标签代码如下：

```
.line{     /* 分隔线重复效果 */
    height:2px;     /* 标签高度 */
    background:repeating-linear-gradient(
        90deg,                       /* 从左到右重复渐变 */
        #9538ec,#9538ec 5px,      /* 从 0 到 5px 的颜色填充 */
        transparent 5px,transparent 10px,
        #009dff 10px,#009dff 15px,
        transparent 15px,transparent 20px
    );
}
```

① 此处省略了页面具体内容，可参考图 1-13-25 自行添加。

任务实施

为 D 清单网页的 home、apply、member、contact 模块设置对应的背景样式。home 模块使用的是浅灰色背景，apply 模块使用的是 #1B75BC 深蓝色背景，把该模块文字颜色设置成白色，member 模块是使用图片“bj.jpg”为背景，图片相对于窗体固定，并铺满整个模块，把该模块文字颜色设置成白色。contact 模块设置深灰色背景，并把文字颜色改成白色。底部背景设置成黑色模块，并把文字设置成白色。

修改水平线 <hr> 的效果，水平线宽设置成模块宽度的 50%，使用渐变色作为背景，制作出中间深、两侧浅的水平线效果。

（1）在 home 模块添加浅灰色 #ccc 背景。

CSS 标签代码如下：

```
.home{
    background:#ccc;
}
```

显示效果如图 1-13-26 所示。

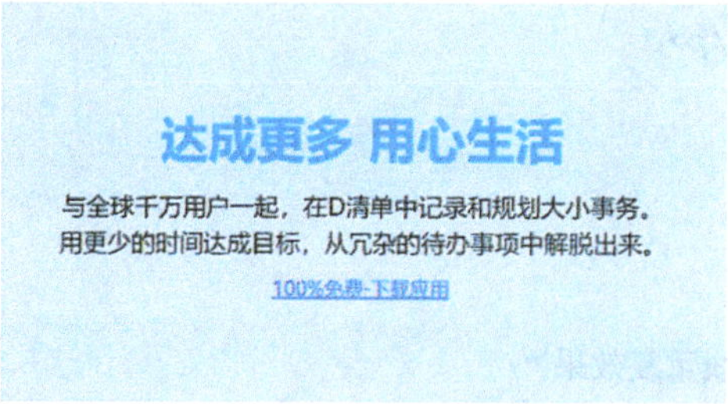

图 1-13-26　home 模块背景效果

（2）用同样方法完成 apply、contact 模块及底部的背景样式。

CSS 标签代码如下：

```
/* 修改全局样式 */
.white{
    color:white;
}
/* 页面各部分的样式设定 */
.apply{
    background:rgb(7,124,233);
```

```
}
.contact{
    background:#333;
}
footer{
    background:#000;
}
```

显示效果如图 1-13-27 所示。

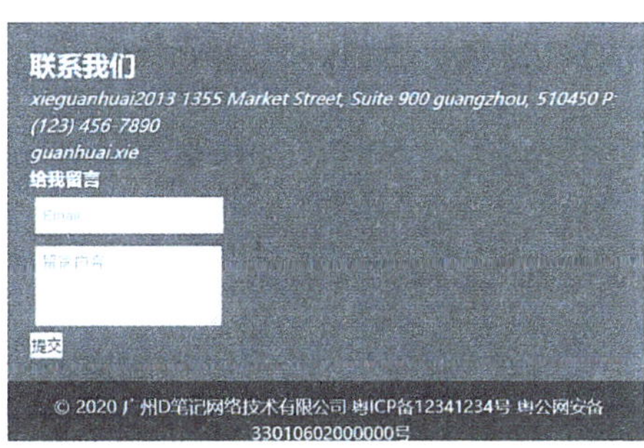

● 图 1-13-27　apply、contact 模块及底部背景效果

（3）完成 member 模块背景样式。

CSS 标签代码如下：

```
.member{
    background:url(../img/bj.jpg)0 0/cover fixed;
    /* 背景图片相对窗体固定并铺满 member 模块 */
}
```

显示效果如图 1-13-28 所示。

（4）将水平线 <hr> 标签修改为如图 1-13-29 所示的效果。由于 <hr> 标签原本的线条效果由边框线（border）构成，现在需要清除掉该边框，再通过背景的方式加入渐变效果。模块中的文字是白色的，将渐变色也变成白色的。

高级会员

在所有平台上享有多项高级功能、10倍清单和任务数量，助您实现更多目标和可能。

现在就升级

一年高级会员只需¥139（每月仅¥11.6）

可以在手机端使用

#	特权	普通用户	高级会员
1	文件夹，清单，任务和子任务	√	√
2	智能清单和自定义智能清单	√	√
3	标签	√	√
4	多优先级	√	√
5	排序	√	√
6	搜索	√	√
7	日历小部件	×	√
8	不限清单	×	√
9	子任务提醒	×	√
10	清单摘要	×	√

● 图 1-13-28　member 模块背景效果

● 图 1-13-29　水平线设置后效果

下面通过 CSS 为 <hr> 追加新的样式：

```
hr{
    /* 省略已有的其他设置 */
    width:50%;  /* 占模块宽度的 50%*/
    margin:50px auto;  /* 在页面中居中显示 */
    border:0;             /* 清除边框 */
    height:3px;  /* 设置水平线的高度 */
    background:linear-gradient(
        to right,
        rgba(0,0,0,0)0%,
        rgba(0,0,0,0.1)30%,
        rgba(0,0,0,0.1)70%,
        rgba(0,0,0,0)100%
    );  /* 颜色黑色，通过透明度控制渐变 */
}
```

（5）水平线在模块中文字是白色时还有一种效果，如图 1-13-30 所示。由于这些模块的标签都添加了 class="white"，所以可以设置在 "white" 内的所有 <hr> 采用另一种渐变样式。

● 图 1-13-30　水平线的另一种设置效果

CSS 标签代码如下：

```
.white hr{
    background:linear-gradient(
        to right,
        rgba(255,255,255,0)0%,
        rgba(255,255,255,0.3)30%,
        rgba(255,255,255,0.3)70%,
        rgba(255,255,255,0)100%
    );/* 颜色白色，通过透明度控制渐变 */
}
```

任务拓展

一个标签元素可以设置多组背景图片，每组图片都可以设置不同的样式，如果这些图片存在重叠部分，前面的背景图片会覆盖在后面的背景图片之上。扫描右侧二维码了解相关知识。

任务 14　设置边框和阴影效果

任务目标

1. 能使用 border-spacing、table-layout、border-collapse 属性设置表格样式。
2. 能使用 border 等相关属性设置标签的边框样式。
3. 能使用 border-radius、box-shadow、outline 属性实现各种轮廓效果。
4. 综合运用表格、边框、阴影样式完成页面元素的边框和阴影效果设置。

任务描述

本次任务根据页面效果图，使用 CSS 样式代码，在任务 13 基础上，为 D 清单网页的顶部按钮设置边框、阴影效果，并美化页面中高级会员的表格，为其设置边框效果，完善“联系我们”中的表单元素边框、轮廓设置。

任务分析

在学习以下知识技能的基础上，完成**网页边框和阴影效果的设置**。

1. 表格属性的样式设置。

2. 标签边框样式的设置。

3. 标签轮廓样式的设置。

D 清单网页效果图中边框和阴影效果分析如图 1–14–1 所示，箭头和红框所示位置是本任务需要完成的边框和阴影效果。

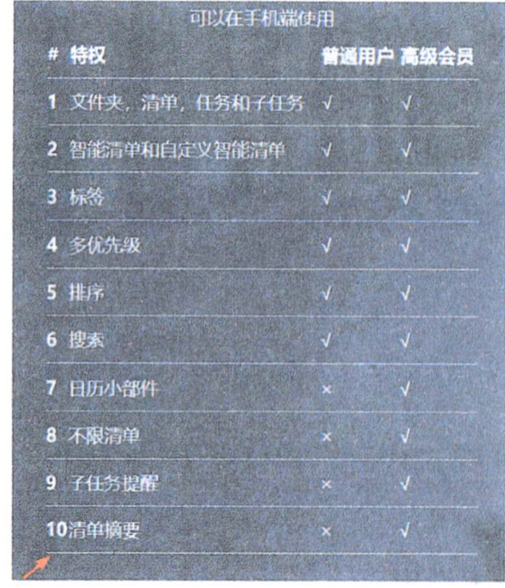

可以在手机端使用

#	特权	普通用户	高级会员
1	文件夹、清单、任务和子任务	√	√
2	智能清单和自定义智能清单	√	√
3	标签	√	√
4	多优先级	√	√
5	排序	√	√
6	搜索	√	√
7	日历小部件	×	√
8	不限清单	×	√
9	子任务提醒	×	√
10	清单摘要	×	√

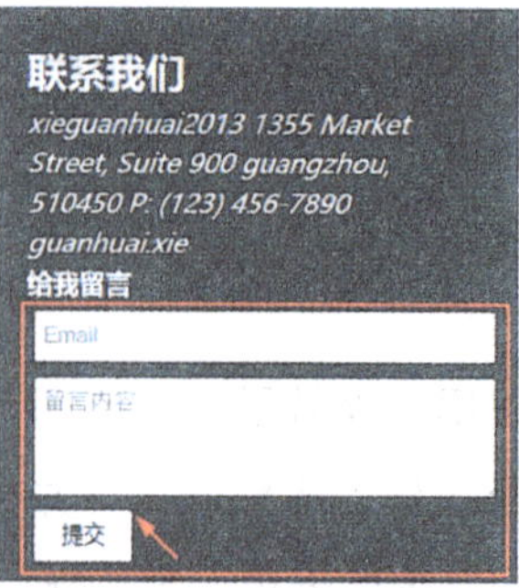

● 图 1–14–1　D 清单网页边框和阴影网页效果

知识与技能准备

1. 表格属性的样式设置

前面在 HTML 中学习到表格由 <table><tr><td> 三层结构组成，HTML 标签本身并不能修饰出好看的表格，而 CSS 表格属性可以极大地改善表格的外观。下面介绍一些表格属性的样式设置。

（1）border–collapse：边框独立性设置

语法：border–collapse: 关键词 ;

取值：separate | collapse。

1）separate：默认值，边框独立。

2）collapse：相邻边被合并。

表格中的 <table> 标签和 <td> 标签可添加边框效果，通过 border–collapse 属性可以设置表格行和单元格的边是合并还是独立，只有表格边框独立，后面提到的 border–spacing 和 empty–cells 属性才会有效。该属性只能在 <table> 标签中进行设置。表格边框独立与合并效果如图 1–14–2 所示。

（2）table–layout：表格布局方式

table–layout 属性用来指定完成表格布局时所用的布局算法。

语法：table–layout: 关键词 ;

取值：auto（默认）| fixed。

1）auto：自动表格布局方式，列宽由单元格内容设定。该方式需要在确定最终的布局之前访问表格中的所有内容，这会需要较长时间。

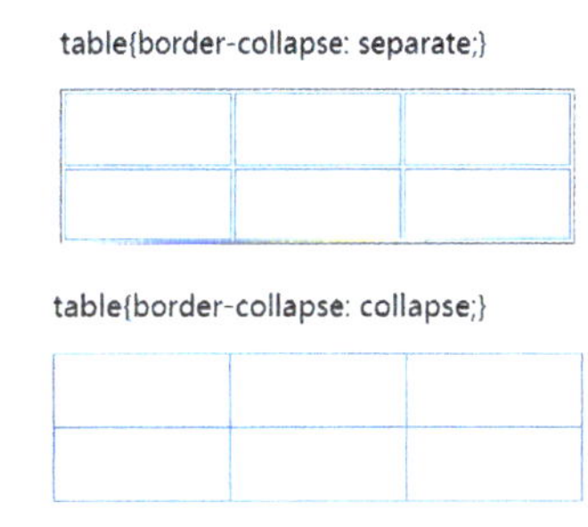

● 图 1–14–2　表格边框独立与合并效果

2）fixed：固定表格布局方式，列宽由表格宽度和列宽度设定。表格的整体宽度与高度是由表格及单元格的边框、单元格间距、单元格的填充和单元格的宽高度决定的，与单元格的内容无关。这个布局方式下，在接收到第一行后就可以显示表格。

两种表格布局方式的效果如图 1–14–3 所示。

table-layout: auto;

autoautoautoautoautoautoautoauto	autoauto	auto

table-layout: fixed;

fixedfixedfixedfixedfixedfixed	fixed	fixed

● 图 1–14–3　表格布局方式的效果

通常情况下，表格列宽不设置自适应属性，而设置成固定值。

下面给出表格自动布局与固定布局总宽度计算的一个示例。在这两个表格布局中，只有 table-layout 属性取值不同，其他设置都相同。

CSS 标签代码如下：

```
table{
    width:300px;
    table-layout:auto;      /* 只更改这个参数值 */
    border-collapse:collapse;
    border:solid 1px #666;
}
table td,table th{
    width:100px;
    padding:5px;
    border:solid 1px #666;
}
```

显示效果如图 1-14-4 所示。

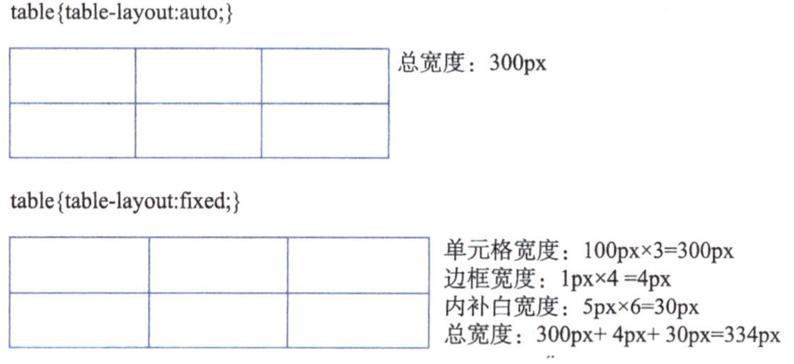

● 图 1-14-4　表格自动布局与固定布局总宽度的计算

（3）border-spacing：单元格间距

语法：border-spacing: 横向间距 纵向间距；

取值：以 px 为单位定义行和单元格的边框在横向和纵向上的间距，不允许为负值。在表格边框属性是合并的情况下，该属性失效。如果只填写一个参数值，该值同时用于横向和纵向间距；如果填写两个参数，第一个用于横向间距，第二个用于纵向间距。其设置效果如图 1-14-5 所示。

（4）caption-side：表格标题的位置

语法：caption-side: 关键词；

取值：top｜bottom。

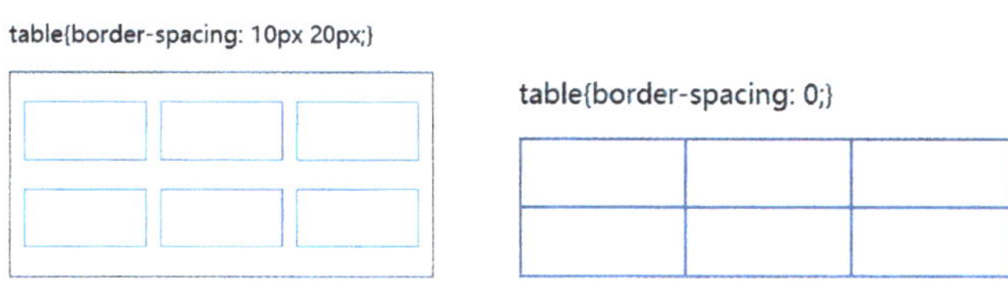

● 图 1-14-5　表格单元格间距设置效果

1）top：指定 caption 在表格的上方。

2）bottom：指定 caption 在表格的下方。

caption-side 属性设置表格的 caption 对象是位于表格的哪一方。该属性要在 IE 8、Chrome 4.0、Safari 4.0、Opera 15.10 及以上版本的浏览器中才有效果，而 Firefox 还支持 right 和 left 两个非标准值。表格标题位置设置效果如图 1-14-6 所示。

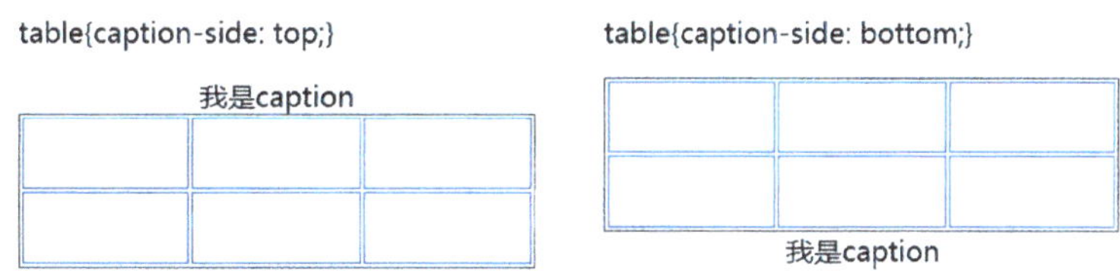

● 图 1-14-6　表格标题位置设置效果

【课堂练习 1-14-1　制作表格样式】

创建一个如图 1-14-7 所示的 4 行 2 列的表格，合并边框线，边框线颜色为浅灰色，表格标题在表格上方显示，表格宽设置为 300 px，表格的背景色设置为 #F5F5DC，第一行的背景颜色设置为深灰色，文字颜色为白色，表格行高设置为 30 px，单元格有 5px 的内补白。表格的文字全部居中显示。

2019年值得推荐的中国电影

序号	电影名称
1	飞驰人生
2	流浪地球
3	反贪风暴4

● 图 1-14-7　表格样式的简单设置

表格的整体背景颜色设置为 #F5F5DC，而第一行的 <tr> 标签设置为深灰色背景，由于 <tr> 标签是 <table> 标签的子标签，所以最终第一行的背景颜色是深灰色。

HTML 标签代码如下：

```
<table>
    <caption>2019 年值得推荐的中国电影 </caption>
    <tr class="tr1">
        <td> 序号 </td>
        <td> 电影名称 </td>
    </tr>
```

```
    <tr>
        <td>1</td>
        <td> 飞驰人生 </td>
    </tr>
    <tr>
        <td>2</td>
        <td> 流浪地球 </td>
    </tr>
    <tr>
        <td>3</td>
        <td> 反贪风暴 4</td>
    </tr>
</table>
```

CSS 标签代码如下：

```
table{
    text-align:center;
    width:300px;
    border-collapse:collapse;      /* 合并单元格 */
    background-color:#F5F5DC;      /*table 背景色 */
}
td,th{
    height:30px;
    padding:5px;
}
.tr1{
    background:#555555;       /* 第一行背景色 */
    color:white;              /* 第一行文字颜色 */
}
```

2. 标签的边框样式设置

在 HTML 中只有表格有边框，而在 CSS 中可以为其他标签添加边框属性，而且边框是占用网页空间的。

（1）border-width：边框宽度

语法：border-width: 值 | 关键词；

取值：以 px 为单位设置边框的厚度，不允许为负值。

各关键词具体如下：

1）thin：定义默认宽度值为 1 px 的边框。

2）medium：定义默认宽度值为 3 px 的边框。

3）thick：定义默认宽度值为 5 px 的边框。

（2）border-style：边框样式

语法：border-style: 关键词；

各关键词具体如下：

1）none：默认值，无边框。

2）hidden：隐藏边框。

3）dotted：点状边框。

4）dashed：虚线边框。

5）solid：实线边框。

6）double：双线边框，这是两条单线与其间隔的和，所以边框宽度需大于 3 px。

7）groove：3D 凹槽边框，宽度需大于 2 px。

8）ridge：3D 凸槽边框，宽度需大于 2 px。

9）inset：3D 凹边边框，宽度需大于 2 px。

10）outset：3D 凸边边框，宽度需大于 2 px。

注意：该属性值默认是 none，若要标签中出现边框，必须指定其他关键词取值才能使边框宽度和边框颜色取值生效。

（3）border-color：边框颜色

语法：border-color: 颜色值；

取值：十六进制色、RGB 色等颜色值，详见上一任务的背景颜色的取值介绍。

（4）border：边框综合属性

语法：border: 边框宽度 样式 颜色；

取值：综合属性各值之间用空格隔开，各属性值不分先后顺序。边框宽度和颜色属性可选填，如果不填写，默认值分别是 medium、black。边框样式属性的默认值是 none，所以要加边框的情况下，必须指定该属性值是除 none 以外的值。

边框综合属性设置效果如图 1–14–8 所示。

在图 1–14–8 的设置中，标签的 4 个边框是完全一致的。其实，边框是由上、右、下、左四边按顺时针顺序组成的。上面的 3 个简写属性都可以有 1 ~ 4 个参数值：

1）只填写一个参数，将用于四边。

2）填写两个参数值，第一个用于上下，第二个用于左右。

3）填写三个参数值，第一个用于上边，第二个用于左右，第三个用于下边。

4）填写四个参数值，第一个用于上边，第二个用于右边，第三个用于下边，第四个用于左边。

边框各属性简写多个参数值的效果如图 1–14–9 所示。

```
border:5px double purple;
```

● 图 1-14-8　边框综合属性设置效果

```
border-width:2px 3px 4px 5px;
border-style:solid double dashed;
border-color: #800080 #f00;
```

● 图 1-14-9　边框各属性简写多个参数值的效果

（5）边框单独设置

标签边框的上、右、下、左四边除了可以设置每个简写属性的各个参数之外，边框属性也可以针对不同方向、不同属性单独设置，如 border-top-width、border-top-style、border-top-color、border-right-width、border-right-style、border-right-color、border-bottom-width、border-bottom-style、border-bottom-color、border-left-width、border-left-style、border-left-color。四边边框也可以通过综合设置来改变，如 border-top、border-right、border-bottom、border-left。

各边框属性单独设置的效果如图 1-14-10 所示。

```
border-top:10px #00F solid;
border-right: 10px #F00 solid;
border-bottom:5px dashed #0F0;
border-left: 5px double #F0F;
```

```
border-style: solid groove;
border-top-color: #F00;
border-bottom-width: 10px;
border-bottom-color: #00F;
```

● 图 1-14-10　边框属性单独设置的效果

【课堂练习 1-14-2　用表格标签制作网页效果】

使用表格标签制作网页效果，如图 1-14-11 所示，网页背景图片覆盖窗体，离窗体上边距离 50 px 处制作表格 1，表格 1 居中显示，导航菜单适当填充内补白，制作四个导航菜单，边框颜色为 #3bc0fd，背景色为透明度为 50% 的黑色。当前页导航背景色是白色，字体颜色为 #3bc0fd。

离导航菜单下方 50 px 处制作表格 2，表格 2 占满整屏，单元格内适当填充内补白，第二列占页面的 80% 宽，左右各有一条 5 px 的边框线。

● 图 1-14-11　“关于我们”页面效果

HTML 标签代码如下：

```
<table class="t01">
    <tr>
        <td>HOME</td>
        <td>APPROVED</td>
        <td class="bg">ABOUT US</td>
        <td>CONTACT</td>
    </tr>
</table>
<table class="t02">
    <tr>
        <td></td>
        <td class="t2">
            <h1>ABOUT US</h1>
            <p>Lorem ipsum dolor sit amet.</p>
        </td>
        <td></td>
    </tr>
</table>
```

CSS 标签代码如下：

```
body{
    margin:0;
    background:url(images/home-banner.jpg)no-repeat 0 0/cover;
}
table{
    border-collapse:collapse;
    background-color:rgba(0,0,0,0.5);
    color:white;
}
.t01{
    margin:50px auto;
}
.t01 td{
    padding:0 30px;
    height:50px;
    line-height:50px;
    border:1px solid #3bc0fd;
}
.t01 .bg{
    background:rgba(255,255,255,1);
```

```
    color:#3bc0fd;
}
.t02{
    width:100%;
}
.t02 td{
padding:20px 0;
}
.t02 .t2{
width:80%;
border-left:5px solid #3bc0fd;
border-right:5px solid #3bc0fd;
padding-left:15px;
}
```

3. 标签轮廓的样式设置

（1）border-radius：圆角

语法：

border-radius: 圆角半径；

border-radius: 水平方向圆角半径 / 垂直方向圆角半径；

取值：用 px 或 % 作为长度单位。当使用 % 作为单位时，是以标签的宽、高作为参考。

说明：

1）border-radius: 圆角半径；

这里可提供 1 ~ 4 个参数，参数之间用空格隔开。

只提供 1 个参数，代表 4 个圆角使用相同的圆角半径。

提供 2 个参数，第一个参数用于左上角和右下角，第二个参数用于右上角和左下角。

提供 3 个参数，第一个参数用于左上角，第二个参数用于右上角和左下角，第三个参数用于右下角。

提供 4 个参数，第一个参数用于左上角，其他 3 个参数按顺时针方向应用于其他角。

圆角参数设置效果如图 1–14–12 所示。

注意：图 1–14–13 所示虚线框是该标签所占的网页空间，border-radius 属性只是改变了标签的外观，圆角边框不占用网页空间。

2）border-radius: 水平方向圆角半径 / 垂直方向圆角半径；

这里可提供 2 ~ 8 个参数。

只提供 2 个参数，参数之间用 / 隔开，第一个参数用于四个角的水平方向圆角半径，第二个参数用于四个角的垂直方向圆角半径。

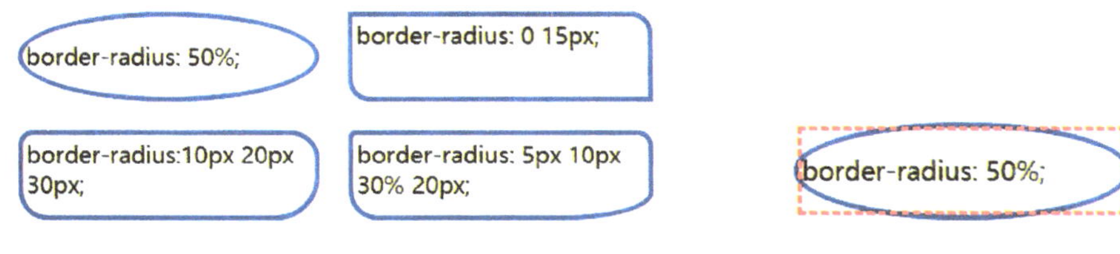

● 图 1–14–12　圆角参数设置效果　　● 图 1–14–13　圆角边框

提供 4 个参数，如 border–radius：10 px 20 px/30 px 40 px。10 px 应用于左上角和右下角的水平方向圆角半径，20 px 应用于右上角和左下角的水平方向圆角半径，30 px 应用于左上角和右下角的垂直方向圆角半径，40 px 应用于右上角和左下角的垂直方向圆角半径，如图 1–14–14 所示。

提供更多参数时的作用与 border–radius 类似，可参照进行类推。

注意：圆角边框还可以分拆成独立属性，有 border–top–left–radius、border–top–right–radius、border–bottom–right–radius、border–bottom–left–radius 四个属性，如图 1–14–15 所示。

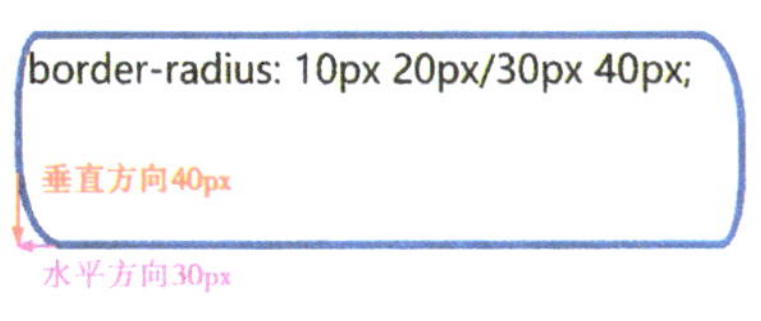

● 图 1–14–14　水平与垂直半径不相同时圆角参数效果

border-top-left-radius: 10px;
border-top-right-radius:30px;
border-bottom-right-radius:50px;
border-bottom-left-radius:70px;

● 图 1–14–15　圆角边框独立属性效果

【课堂练习 1-14-3　制作介绍模块的页面效果】

打开课堂练习 1–14–2，制作如图 1–14–16 所示的介绍模块，左侧有一个文字介绍框，右侧是相应文字的图片介绍，文字框第一行和第三行及图片都做了圆角效果。该模块距上一个内容区 20 px 的距离，文字框中有适当的内补白进行填充，图片大小以

● 图 1–14–16　“关于我们”页面介绍模块效果

400 px 的宽度等比较缩放，图片做了 2 px 的边框效果。

HTML 标签代码如下：

```
<div class="img">
    <div class="tb">
        <p class="br">COMMUNITY</p>
        <p>KRABI ISLAND</p>
        <p class="br1">SURFING</p>
    </div>
    <img src="images/gallery.jpg" alt="">
</div>
```

CSS 标签代码如下：

```
img{
    width:80%;     /* 占页面 80%，与上一模块中间列表格一样大小 */
    margin:20px auto;     /* 该标签在页面水平居中显示 */
    padding:0 30px;
}
.tb{
    float:left;
}
.tb p{
    border:1px solid #3BC0FD;
    margin:0;
    height:40px;
    line-height:40px;
    color:white;
    padding:0px 30px;
    width:200px;
    margin-top:-1px;     /* 上外边界 -1px，能使上下两条线重叠 */
}
.tb .br{
border-radius:5px 5px 0 0;
background:white;
color:#3BC0FD;
}
.tb .br1{
border-radius:0 0 5px 5px;
}
.img img{
width:400px;
```

```
float:left;
border-radius:10px;
margin-left:100px;
border:2px solid #3BC0FD;
}
```

（2）box-shadow：阴影

语法：box-shadow: 阴影水平偏移值 垂直偏移值 模糊半径 阴影大小 阴影颜色 inset;

取值：默认值是 none，无阴影。该属性中的参数必须要按顺序填写，前四个参数值可以用 px 作为单位。模糊半径、阴影大小和 inset 是选填参数。每个参数具体作用如下：

1）水平偏移值：指定标签的阴影水平方向偏移的具体值，正值向右偏移，负值向左偏移。

2）垂直偏移值：指定标签的阴影垂直方向偏移的具体值，正值向下偏移，负值向上偏移。

3）模糊半径：指定标签的阴影模糊度，该值越大阴影边缘越模糊，若该值是 0，阴影不模糊，该值不允许为负值。

4）阴影大小：指定标签的阴影大小，正值阴影向四面扩展，负值阴影向内收缩。

5）阴影颜色：指定标签阴影的颜色，默认取当前最近的文本颜色。

6）inset：定义标签阴影类型为内阴影。若该值为空时，标签阴影为外阴影。

标签阴影效果如图 1-14-17 所示。

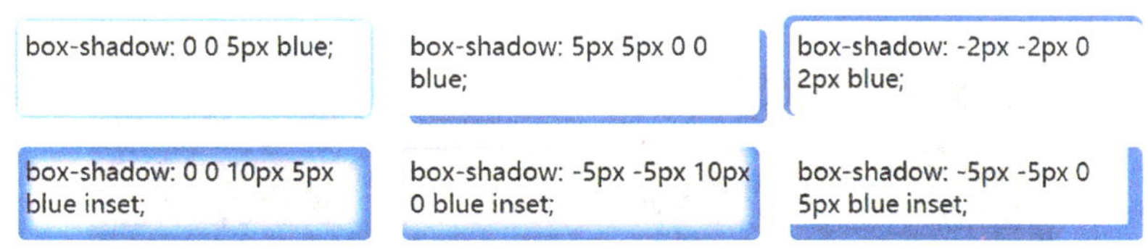

● 图 1-14-17 标签阴影效果

背景图片可以进行多图片叠加，阴影也可以进行叠加，同样是每个阴影之间用逗号隔开，而阴影先填写的位于最上层。多阴影叠加效果如图 1-14-18 所示。

（3）outline：轮廓

语法：outline: 轮廓边框宽度 样式 颜色；

取值：轮廓边框的宽度、样式、颜色用法和 border 完全一样，这里是标签轮廓的综合属性，也可以像 border 那样设置独立属性。轮廓和边框的区别在于轮廓不能拆分成四

边进行设置，只能四边完全一样，而且 outline 属性不占网页空间，不会影响标签的大小。这里值得注意的是，轮廓不能做圆角效果。

轮廓效果如图 1–14–19 所示。

图 1–14–18　多阴影叠加效果

图 1–14–19　轮廓效果

【课堂练习 1-14-4　制作信息页面效果】

如图 1–14–20 所示，使用边框各属性制作一个信息页面，左上角 LOGO 要求做圆对角图标，边框线为 2 px 的 #ADFF2F，背景颜色是有透明度的黑色。

下面三个信息框是用多阴影效果做出来的，三个圆的背景颜色分别是：#F7A613、#2196F3、#EF1861。圆也同样做了阴影效果。

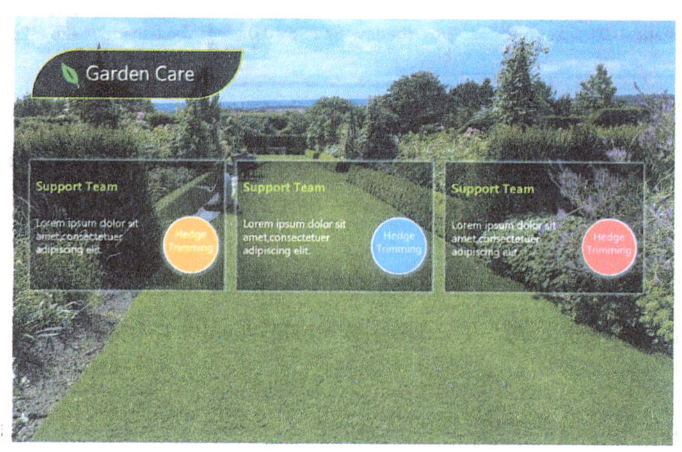

图 1–14–20　信息页面效果

因为版面所限，下面的 HTML 代码省略了两个信息框的代码，它们的原理是一样的。CSS 中窗体背景等前面已经讲过的内容不再解释，只把部分重要代码写出。

HTML 标签代码如下：

```
<header>
    <img src="images/leaf.png" alt="">
    Garden Care
</header>
<article>[1]
    <h3>Support Team</h3>
    <div class="text">
        <p class="left">Lorem ipsum dolor sit amet,consectetuer
adipiscing elit.</p>
        <p class="right orange">Hedge Trimming</p>
    </div>
</article>
```

CSS 标签代码如下：

```
header{                         /*LOGO 部分代码 */
    border:2px solid greenyellow;
    border-radius:80px 0;      /* 对角的圆角参数与高同样大 */
    padding:20px 50px;
    background-color:rgba(0,0,0,0.8);
    margin:50px 2%;
}
header img{
    width:30px;
    vertical-align:middle;  /* 垂直居中 */
}
```

每个信息框大小都一样，为了避免文字多少会影响高度，这里做统一的高度设置（min-height: 180px）。设置元素的高（height）和宽（width）属性值相等、圆角（border-radius）即可实现圆形效果，信息框里是用内阴影实现的蒙版效果。这里也是部分代码。

CSS 标签代码如下：

```
article{
    width:30%;                  /* 宽度设置成一行可以放 3 个 */
    margin:50px 0% 50px 2%;
```

① 这里只做一个信息框，后面两个省略。

```
    box-shadow:
        0 0 5px 2px #999,      /* 外阴影 */
        0 0 100px 20px rgba(0,0,0,0.6)inset;    /* 内阴影 */
    min-height:180px;        /* 最小高度 */
}
.text .right{
    width:90px;
    height:90px;
    border-radius:50%;      /* 前三句实现圆形效果 */
    box-shadow:0 2px 5px 3px #666;    /* 外阴影 */
}
.orange{
    background-color:#f7a613;
}
```

任务实施

为 D 清单网页的顶部、按钮设置边框、阴影效果，并美化页面中的表格、表单元素。

（1）为 header 模块设置阴影效果。

CSS 标签代码如下：

```
header{
    padding:20px;
    border-radius:5px;             /* 圆角边框的设置 */
    border:1px solid #e7e7e7;     /* 边框的设置 */
    box-shadow:0 1px 5px rgba(43,48,51,0.5);     /* 阴影效果 */
    margin-bottom:2px;     /* 下边界设置后阴影效果就会显示 */
}
```

显示效果如图 1-14-21 所示。

图 1-14-21　header 模块阴影效果

（2）home 模块的超链接设置边框和背景，做成按钮的样式。

HTML 标签代码如下：

```
<article class="home center">
    <h1>达成更多  用心生活</h1>
    <p>与全球千万用户一起，在 D 清单中记录和规划大小事务。用更少的时间达成目标，
从冗杂的待办事项中解脱出来。</p>
    <a href="#">100% 免费 - 下载应用</a>
</article>
```

CSS 标签代码如下：

```
.home a{
    display:inline-block;       /* 内联块 */
    padding:10px 15px;          /* 文字与边框的间距 */
    color:white;
    border-radius:5px;
    background-color:rgb(51,122,183);
    text-decora:none;
    font-weight:bolder;
}
```

显示效果如图 1-14-22 所示。

100%免费-下载应用

图 1-14-22 home 模块超链接的边框和背景效果

对 apply 和 member 模块中的超链接效果进行设置，以 apply 模块为例，HTML 标签代码如下：

```
<article class="apply center white">
  ......①
</article>
```

CSS 标签代码如下：

```
.apply .a,
.member .a{     /* 暂时设置 */
  ......②
    font-weight:normal;     /* 去除文字加粗效果 */
    border:1px solid #fff;  /* 边框线的设置 */
}
```

① 此处为第一阶段已完成的代码，略去。

② 此处与 .home a 代码相同，略去。

显示效果如图 1-14-23 所示。

● 图 1-14-23　apply 模块超链接的边框和背景效果

（3）为 member 模块中的表格设置边框线，让表格更加清晰。

HTML 标签代码如下：

```
<table class="table">
    ……①
</table>
```

CSS 标签代码如下：

```
.member .table{
    border-collapse:collapse;/* 表格边框线合并 */
    width:100%;/* 表格占该模块的 100% 宽 */
    color:white;
}
.member .table td,.member .table th{
    border-bottom:1px solid white;
    text-align:left;
    height:40px;
    line-height:40px;
}
```

显示效果如图 1-14-24 所示。

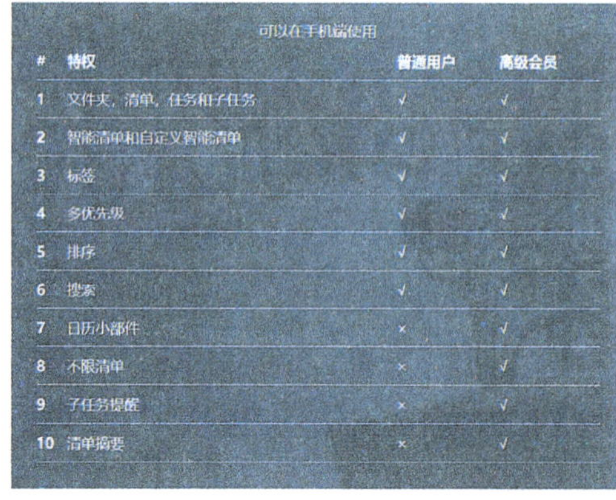

可以在手机端使用

#	特权	普通用户	高级会员
1	文件夹，清单，任务和子任务	√	√
2	智能清单和自定义智能清单	√	√
3	标签	√	√
4	多优先级	√	√
5	排序	√	√
6	搜索	√	√
7	日历小部件	×	√
8	不限清单	×	√
9	子任务提醒	×	√
10	清单摘要	×	√

● 图 1-14-24　member 模块的表格设置边框线效果

① 此处为第一阶段已完成的代码，略去。

（4）为 contact 模块中的表单元素修改边框和轮廓效果。

CSS 标签代码如下：

```
.contact input,.contact textarea,.contact button{
    padding:5px;/* 文字与边框的间距 */
    margin:5px;
    border-radius:2px;
    width:100%;
    outline:none;/* 清除轮廓 */
    border:none;/* 清除边框 */
}
.contact button{
    width:60px;
}
```

显示效果如图 1-14-25 所示。

图 1-14-25　contact 模块的表单元素边框和轮廓效果

任务拓展

除了前面所讲的边框样式之外，还有一种图片边框，即将图像应用到元素的边框上，只是这个对于浏览器要求较高，很多浏览器不兼容。扫描右侧二维码了解相关知识。

任务 15　设置按钮交互格式

任务目标

1. 能够按需求选择超链接的 4 种伪类选择符就行样式效果设置。
2. 能够使用伪类选择符“clild”和“type”简化元素选择。
3. 能够使用伪类选择符设置 D 清单页面的按钮交互格式。

任务描述

本次任务根据页面效果图，在任务 14 基础上，使用 CSS 样式设置 D 清单网页中的按钮在光标经过时的样式变化，使表单中的按钮在光标经过时具有阴影效果。

任务分析

在学习以下知识技能的基础上，完成**网页按钮的美化**。

1. 超链接相关的四个伪类选择符的语法。
2. 伪类选择符选择子元素的方法。
3. 伪类选择符选择类型子元素的方法。

D 清单网页按钮交互效果分析如图 1-15-1 所示。

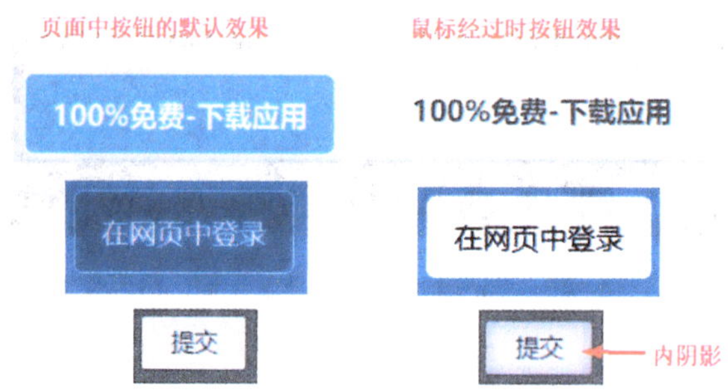

图 1-15-1　D 清单网页的按钮网页效果

知识与技能准备

伪类是根据一定的特征对元素进行分类的，通过伪类可以让一个元素获取或者失去某个伪类的特征。伪类可以是动态的，如光标经过元素时会出现一些变化，这个变化可能随时消失，而在伪类中，超链接的使用是比较广泛的。

1. 与超链接相关的四个伪类选择符

超链接标签 <a> 通过四个伪类选择符定义了超链接的四种不同状态。伪类选择符以“:”的形式附加在选择符的后面，见表 1-15-1。

表 1-15-1　　超链接的四种状态

伪类	说明	示例	浏览器效果
a:link	超链接未访问时的样式	a:link{color:gray;}	未访问
a:hover	光标悬停时的样式	a:hover{color:orange;}	光标悬停
a:active	当前超链接被点击时的样式	a:active{color:blue;}	当前被点击
a:visited	超链接被访问后的样式	a:visited{color:red;}	访问后

超链接的四个状态不一定都要设置，可根据需要选择相关的状态进行设置，不设置的状态用 a{ } 选择符代替即可。表 1-15-1 中的超链接四个状态如果没有按照一定的顺序书写，在不同的浏览器可能会有不同的表现，所以要按特定的书写顺序效果才能全部生效，a:hover 必须在 a:link、a:visited 之后，a:active 必须在 a:hover 之后。

除了超链接标签外，其余的标签也能设置伪类效果，但其余标签只有光标悬停（hover）伪类有效。一般会先设置标签的默认状态，再通过 : hover 来设置光标经过时标签的样式变化。

【课堂练习 1-15-1　制作渐变背景的导航栏，光标经过时背景渐变色方向相反】

利用渐变背景色使导航栏有立体感，通过光标经过时渐变方向相反，使导航栏有动态感。

HTML 标签代码如下：

```
<div class="menu">
    <span>HOME</span>
    <span>BlOG</span>
    <span>ABOUT</span>
    <span>CONTACT</span>
</div>
```

CSS 标签代码如下：

```
span{    /* 导航栏默认效果 */
    color:white;
    background:linear-gradient(
        to bottom,
        #58bdf9,
        #6086ef
    );
    float:left;/* 消除项与项之间的间隔 */
    padding:10px 20px;/* 产生上下左右间距 */
}
```

显示效果如图 1-15-2 所示。

● 图 1-15-2　渐变背景导航栏效果

使用 hover 伪类设置出导航栏光标经过时的样式改变效果。

CSS 标签代码如下：

```
span:hover{    /* 光标经过时的效果 */
    background:linear-gradient(
        to top,
        #58bdf9,
        #6086ef
    );
}
```

显示效果如图 1-15-3 所示。

● 图 1-15-3　光标经过时导航栏变化效果

2. 伪类选择符“child”选择指定的子元素标签

通过伪类选择符“child”，可以选择特定的子元素进行样式设置，见表 1-15-2。

表 1-15-2　　伪类选择符“child”

伪类	说明
E:first-child	第一个子元素
E:last-child	最后一个子元素
E:only-child	只有一个子元素
E:nth-child(*n*)	第 *n* 个子元素
E:nth-last-child(*n*)	倒数第 *n* 个子元素

【课堂练习 1-15-2　使用伪类选择符选择特定的标签更改样式属性】

请注意观察 HTML 的代码结构和代码顺序，根据表 1-15-2 的说明使用相应的伪类选择符选择特定的标签更改样式属性。

HTML 标签代码如下：

```
<div>
    <p> 第一个 p: 我想变蓝色 </p>
    <div> 第一个 div: 我想变红色 </div>
    <p> 第二个 p: 我想变紫色 </p>
    <p> 第三个 p: 我想变粉色 </p>
    <p> 最后一个 p: 我想变橙色 </p>
</div>
<div>
    <div> 唯一的 div: 我想变红色 </div>
</div>
```

CSS 标签代码如下：

```
/* 其他设置省略 */
p:first-child{/* 选择第 1 个子元素是 p 的标签 */
    color:blue;
}
p:last-child{/* 选择最后 1 个子元素是 p 的标签 */
    color:orange;
}
p:nth-child(3){/* 选择第 3 个子元素是 p 的标签 */
    color:purple;
}
p:nth-last-child(2){/* 选择倒数第 2 个子元素是 p 的标签 */
    color:pink;
}
div:only-child{/* 选择只有唯一一个子元素是 div 的标签 */
    color:red;
}
```

显示效果如图 1-15-4 所示。

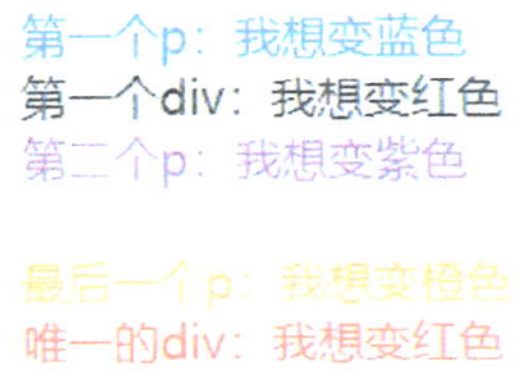

第一个p：我想变蓝色
第一个div：我想变红色
第二个p：我想变紫色

最后一个p：我想变橙色
唯一的div：我想变红色

图 1-15-4　伪类选择符选择设置效果

【课堂练习 1-15-3　制作导航栏】

制作如图 1-15-5 所示的导航栏，要求菜单项之间用“|”隔开，每个项之间都留有左右间距。注意该导航栏的上下边框线的不同，以及项与项之间的边框线间隔，第一个

的左边和最后一个的右边是没有“|”的。

HOME | SERVICES | BLOG | ABOUT | CONTACT

● 图 1-15-5 导航栏

HTML 标签代码如下：

```
<ul>
    <li><a href="">HOME</a></li>
    <li><a href="">SERVICES</a></li>
    <li><a href="">BLOG</a></li>
    <li><a href="">ABOUT</a></li>
    <li><a href="">CONTACT</a></li>
</ul>
```

CSS 标签代码如下：

```
ul{/* 去除列表项目符号和间隔 */
    list-style:none;
    margin:0;
    padding:0;
}
li{
    float:left;
    border-top:3px solid green;
    border-bottom:1px solid gray;
    height:50px;
    line-height:50px;/* 使文字垂直居中 */
}
a{
    text-decoration:none;
    color:black;
    padding:0 15px;/* 使文字左右有相同间隔 */
    border-right:1px solid red;
    /* 右边框线，高度与文字高度一样 */
}
li:last-child a{
    border-right-color:transparent;
    /* 最后一个列表元素的 <a> 标签右边框线颜色透明 */
}
```

在表 1-15-2 伪类选择符“child”的 E:nth-child(*n*) 中，出现了 *n*，*n* 是一个乘法因

子，可以用 2*n* 代表偶数子元素，2*n*+1 代表奇数子元素。在这个伪类选择符里，允许使用关键字 even 代表偶数，odd 代表奇数。

【课堂练习 1-15-4 利用伪类选择符制作表格】

通过伪类选择符的奇偶数实现如图 1-15-6 所示的表格，光标经过时实现背景变化，如图 1-15-7 所示。

图 1-15-6 表格效果

制作 5 行 4 列表格，首行、首列的背景采用相同的设置，其他奇数行和偶数行采用不一样的设置。

CSS 标签代码如下：

```
table{
    border-collapse:collapse;
}
td,th{
    width:150px;
    height:30px;
    border:1px solid white;
}
tr:nth-child(2n){/* 偶数行背景色 */
    background-color:#d3dff0;
}
tr:nth-child(2n+1){/* 奇数行背景色 */
    background-color:#ebf0f7;
}
tr:first-child{/* 首行背景色 */
    background-color:#5b9cd6;
}
td:first-child{
    width:30px;
    text-align:center;
    background-color:#5B9CD6;/* 首列背景色 */
}
```

图 1–15–7　光标经过表格时的效果

光标经过表格时，注意首行和首列是不变化的，其他单元格是变化的。

CSS 标签代码如下：

```
tr:hover td{/* 光标经过除首行和首列外其他表格行时背景色的变化 */
    background-color:rgba(255,255,0,0.3);
}
tr:first-child:hover td,
tr:hover td:first-child{
    background-color:#5B9CD6;
}/* 光标经过表格首行和首列时背景色不变化 */
```

3. 伪类选择符“type”选择指定类型的子元素标签

前面讲的伪类选择符“child”是选择某个元素的第 n 个子元素，无论父元素下的子元素是什么类型的标签，都是一起排序的。而伪类选择符“type”（见表 1–15–3）指定的是第 n 个类型的子元素，是以相同类型的标签进行排序的。例如，p:first–of–type 中的 p 不一定是排在父元素的第一个子元素中，这里选择的是在父元素中的第一个 <p> 标签。

表 1–15–3　　伪类选择符“type”

伪类	说明
E:first–of–type	第一个类型为 E 的子元素
E:last–of–type	所有 E 子元素中的最后一个
E:only–of–type	所有子元素中唯一的子元素 E
E:nth–of–type(*n*)	第 *n* 个子元素 E
E:nth–last–of–type(*n*)	倒数第 *n* 个子元素 E

【课堂练习 1–15–5　使用伪类选择符“type”选择特定的标签更改样式属性】

根据表 1–15–3 的说明，使用相应的伪类选择符选择特定的标签更改样式属性，这里的顺序是以标签类型来排序的。

HTML 标签代码如下：

```
<div>
    <div>div</div>
    <p>p1</p>
    <span>span1</span>
    <p>p2</p>
    <p>p3</p>
    <h3>h3-1</h3>
    <p>p4</p>
    <span>span2</span>
</div>
```

CSS 标签代码如下（其他设置略去）:

```
h3:only-of-type{/* 唯一的 h3 元素 */
    color:red;
}
p:first-of-type{/* 第一个 p 元素 */
    color:blue;
}
p:nth-last-of-type(2){/* 倒数第二个 p 元素 */
    color:pink;
}
p:last-of-type{/* 最后一个 p 元素 */
    color:green;
}
span:only-of-type{/* 唯一的 span 元素，这里没有相应对象 */
    color:gold;
}
```

显示效果如图 1-15-8 所示。

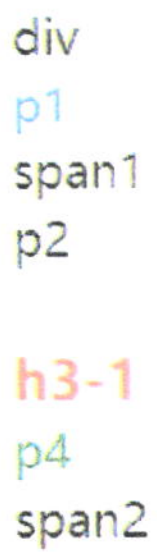

div
p1
span1
p2

h3-1
p4
span2

图 1-15-8　伪类选择符 “type” 选择设置效果

任务实施

下面设置 D 清单网页中的按钮在光标经过时的样式变化，并通过伪类选择符完善高级会员中的表格样式设置，使表单中的按钮在光标经过时具有阴影效果。

（1）设置页面中 home、apply、member 模块中的按钮在光标经过时的样式效果，光标经过按钮时背景颜色设置为白色，文字设置为黑色。

home 模块中 <a> 标签只有一个，设置起来比较方便。apply、member 这两个模块中的 <a> 标签除了按钮外，还有锚链接，而且按钮还不止一个，如果全部都用类选择符来设置按钮，会非常烦琐。由于这些按钮的结构都是相同的，这里可以利用伪类选择符或者关系选择符来修改，这样会更加方便快捷，还可以简化代码。下面以 apply 模块为例进行设置。

HTML 标签代码如下：

```
<article class="apply center white">
    <h2><a name="apply">下载应用</a></h2>      /*锚链接*/
    <p>在所有平台上使用 D 清单管理一切</p>
    <hr/>
    <section>
        <h3>网页</h3>
        <p>在所有浏览器中访问你的任务</p>
        <a href="#">在网页中登录</a>      /*按钮*/
    </section>
    ......①
    <section>
        <h3>iPhone 和 iPad</h3>
        <p>随时在手机和平板上管理任务</p>
        <a href="#">下载安装文件</a>      /*按钮*/
    </section>
</article>
```

CSS 标签代码如下：

```
/*用伪类选择符修改上一任务中按钮设置*/
.home a,.apply a:nth-child(3),.member a:nth-child(3){
    ......②
```

① 此处代码已在第一阶段完成，略去。

② 具体设置内容略去。

```
}
.apply a:nth-child(3),.member a:nth-child(3){
    ......①
}
/* 光标经过时按钮的样式设置 */
a:nth-child(3):hover{
    background-color:white;
    color:black;
}
```

显示效果如图 1–15–9 所示。

● 图 1–15–9 光标经过时按钮的样式效果

注意：因为 HTML 结构都是一样的，所以这里的伪类选择符 a:nth–child(3){ } 可以用关系选择符代替，即 p+a{ }。

（2）使表单中的按钮在光标经过时具有阴影效果。

光标经过 contact 模块中的“提交”按钮时，产生内阴影效果。

CSS 标签代码如下：

```
/* “提交”按钮在光标经过时的内阴影效果 */
.contact button:hover{
    box-shadow:0 0 10px rgba(0,0,0,0.5)inset;
}
```

显示效果如图 1–15–10 所示。

● 图 1–15–10 按钮在光标经过时的阴影样式设置效果

（3）完善页面中高级会员的表格样式设置。

将 member 模块中的表格部分进行详细样式设置，要求表头行的表格线较粗，清除最后一行的表格线，第一列的单元格宽 10%，第二列的单元格宽 50%，第三、第四列

---

① 具体设置内容略去。

单元格宽 20%。

CSS 标签代码如下：

```
/* 设置表头行的下边框线宽度 */
.member .table tr:only-child th{
    border-bottom-width:2px;
}
.member .table th{      /* 设置表格第一列列宽 */
    width:10%;
}
.member .table td:nth-child(2){      /* 设置表格第二列列宽 */
    width:50%;
}
/* 设置表格倒数第二列及最后一列列宽 */
.member .table td:nth-last-child(2),td:last-child{
    width:20%;
}
```

显示效果如图 1-15-11 所示。

可以在手机端使用

#	特权	普通用户	高级会员
1	文件夹，清单，任务和子任务	√	√
2	智能清单和自定义智能清单	√	√
3	标签	√	√
4	多优先级	√	√
5	排序	√	√
6	搜索	√	√
7	日历小部件	×	√
8	不限清单	×	√
9	子任务提醒	×	√
10	清单摘要	×	√

图 1-15-11　表格样式设置效果

任务拓展

除了前面所学的选择符，还有很多类型的选择符可方便地指定要设置的标签。扫描右侧二维码了解相关知识。

任务 16 设置菜单和列表格式

任务目标

1. 能够说出列表类型的特点，并使用 list-style-type 属性设置列表标签样式。
2. 能够说出列表项图像的特点，并使用 list-style-image 属性设置列表标签样式。
3. 能够说出列表标志位置的特点，并使用 list-style-position 属性设置列表标签样式。
4. 能够综合运用列表样式设置页面导航菜单及列表元素格式。

任务描述

本次任务根据 D 清单页面内容，使用 CSS 样式，在任务 15 基础上设置菜单列表和版权列表格式。

任务分析

在学习以下知识技能的基础上，完成**菜单和列表格式的设置**。

1. 列表类型、列表项图像、列表标志位置的特点。
2. list-style-type、list-style-image、list-style-position 属性设置。

D 清单网页中的菜单和列表格式效果及设置分析如图 1-16-1 所示。

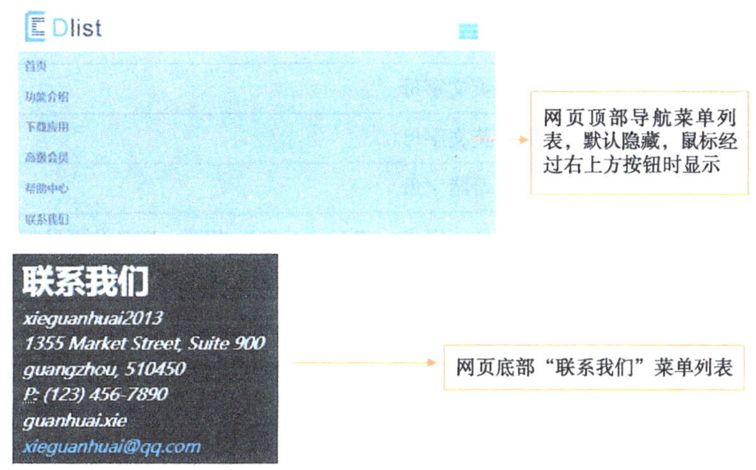

图 1-16-1 D 清单网页中的菜单和列表格式效果及设置分析

知识与技能准备

CSS 列表属性允许放置、改变列表项标志，将图像作为列表项标志或者改变列表标志位置。无序列表标签 <ul><li> 和有序列表标签 <ol><li> 默认自带标记符号，如果要改变标记符号，可以通过更改列表类型来实现。

1. 标记类型

要影响列表的样式，最简单的办法就是改变其标志类型。

例如，在一个无序列表中，列表项的标志（marker）是出现在各列表项旁边的圆点。要修改用于列表项的标志类型，可以使用属性 list-style-type。

语法：list-style-type: 标记内容 ;

list-style-type 的常用取值范围见表 1-16-1。

表 1-16-1　　list-style-type 的常用取值范围

取值	描述
none	无标记
disc	默认，实心圆
circle	空心圆
square	实心方块
decimal	数字
decimal-leading-zero	数字，一位数前补 0（01，02，03……）
lower-roman	小写罗马数字（i，ii，iii，iv，v……）
upper-roman	大写罗马数字（I，II，III，IV，V……）
lower-alpha	小写英文字母
upper-alpha	大写英文字母
lower-greek	小写希腊字母
lower-latin	小写拉丁字母，与 lower-alpha 相同，IE 7 及更早版本不支持
upper-latin	大写拉丁字母，与 upper-alpha 相同，IE 7 及更早版本不支持
cjk-ideographic	汉字数字

说明：disc 为默认的标记，设置为 none 可以去除标记。

【课堂练习 1-16-1　在无序列表中添加不同类型的列表标记】

HTML 标签代码如下：

```
<ul class="disc">
    <li> 咖啡 </li>
    <li> 茶 </li>
    <li> 可口可乐 </li>
</ul>
<ul class="circle">
    <li> 咖啡 </li>
    <li> 茶 </li>
    <li> 可口可乐 </li>
</ul>
<ul class="square">
    <li> 咖啡 </li>
    <li> 茶 </li>
    <li> 可口可乐 </li>
</ul>
<ul class="none">
    <li> 咖啡 </li>
    <li> 茶 </li>
    <li> 可口可乐 </li>
</ul>
```

CSS 标签代码如下：

```
ul.disc{list-style-type:disc}
ul.circle{list-style-type:circlc}
ul.square{list-style-type:square}
ul.none{list-style-type:none}
```

显示效果如图 1–16–2 所示。

- 咖啡
- 茶
- 可口可乐

○ 咖啡
○ 茶
○ 可口可乐

▪ 咖啡
▪ 茶
▪ 可口可乐

咖啡
茶
可口可乐

图 1–16–2 在无序列表中添加不同类型的列表标记

2. 列表项图像

列表项图像 list-style-image 属性是使用图像来替换列表项的标记。这个属性指定作为一个有序或无序列表项标志的图像。

语法：list-style-image: url（图片文件的路径）;

list-style-image 的取值范围见表 1-16-2。

表 1-16-2　　list-style-image 的取值范围

取值	描述
url	图像的路径
none	默认，无图形被显示

注意：因为列表项图像涉及图片的链接，为了防止图像不可用，一般情况下最好多设置一个 list-style-type 属性。

【课堂练习 1-16-2　将图像作为列表项标记】

HTML 标签代码如下：

```
<ul>
    <li> 咖啡 </li>
    <li> 茶 </li>
    <li> 可口可乐 </li>
</ul>
```

CSS 标签代码如下：

```
ul{list-style-image:url(images/biao.png);}
```

显示效果如图 1-16-3 所示。

咖啡
茶
可口可乐

图 1-16-3　将图像作为列表项标记

3. 列表标志位置

列表标志位置可以确定标志出现在列表项内容外部还是内容内部。该属性用于声明列表标志相对于列表项内容的位置。如果位置是外部（outside），则会放在距列表项边框边界一定距离处；如果位置是内部（inside），则相当于插入在列表项内容最前面的行内元素。

语法：list-style-position: 位置的值；

list-style-position 的取值范围见表 1-16-3。

表 1-16-3 **list-style-position 的取值范围**

取值	描述
inside	列表项目标记放置在文本以内，且环绕文本根据标记对齐
outside	默认值。保持标记位于文本的左侧。列表项目标记放置在文本以外，且环绕文本不根据标记对齐

【课堂练习 1-16-3 使用素材制作列表样式】

HTML 标签代码如下：

```
<ul class="list">
    <li> 百度搜索引擎 </li>
    <li> 谷歌搜索引擎 </li>
    <li>360 搜索引擎 </li>
    <li>bing 搜索引擎 </li>
</ul>
```

CSS 标签代码如下：

```
.list li{
    margin:5px;
    background:#FFF;
    list-style-position:inside;
    list-style-image:url(../images/biao.png);
    font-size:20px;
}
```

显示效果如图 1-16-4 所示。

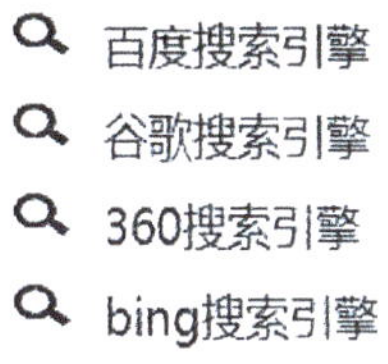

百度搜索引擎
谷歌搜索引擎
360搜索引擎
bing搜索引擎

图 1-16-4 列表样式效果

4. 列表标志的综合设置

列表标志的综合设置 list-style 是一个简写属性，它涵盖了所有其他列表样式属性。可以按标记样式、标记位置、标记图片的顺序设置。

语法：list-style: list-style-type list-style-position list-style-image;

说明：这是以上三个属性的综合写法，每个参数都是选填，如果不填写，则取该属性的默认值。注意顺序是固定的，不能改变，否则该设置无效。

【课堂练习 1-16-4　采用 list-style 设置列表样式】

HTML 标签代码如下：

```
<ul class="list">
    <li>百度搜索引擎</li>
    <li>谷歌搜索引擎</li>
    <li>360 搜索引擎</li>
    <li>bing 搜索引擎</li>
</ul>
```

CSS 标签代码如下：

```
.list li{
    margin:5px;
    background:#FFF;
    list-style:none inside url(../images/biao.png);
    font-size:20px;
}
```

显示效果如图 1-16-5 所示。

百度搜索引擎
谷歌搜索引擎
360搜索引擎
bing搜索引擎

图 1-16-5　采用 list-style 设置列表样式效果

从效果图 1-16-5 可以看出，采用 list-style 设置列表样式效果和图 1-16-4 完全一致。

任务实施

（1）为 header 模块添加导航效果

除了前面分析的显示和隐藏菜单列表，还要为导航栏列表中文字“首页”添加默认的背景，和其他列表项有所不同。光标经过列表文字时，文字的颜色产生变化。

参考样式代码如下：

```
header{
    padding:20px;
}
header .logo{
    float:left;
    font-size:2.6rem;
}
header nav{
float:right;
width:54px;
margin:4px;
border-radius:3px;
}
header nav span{
display:block;
text-align:center;
font-size:2rem;
line-height:55px;
color:#888;
}
header nav span:hover{
background:#ddd;
}
header nav ul{
position:absolute;
top:80px;/* 注意该设置 */
left:0;
width:100%;
font-weight:bold;
color:#000;
padding:0;
margin:0;
}
header nav li{
padding:15px;
margin:0 10px;
list-style-type:none;
}
header nav a{
color:rgb(53,60,62)
}
```

```
header nav a:hover{
color:#4FCCE2;
}
```

效果如图 1-16-6 和图 1-16-7 所示。

● 图 1-16-6　导航栏效果 - 光标经过前

● 图 1-16-7　导航栏效果 - 光标经过时

（2）为 contact 模块设置列表效果

在 D 清单宣传网页的底部“联系我们”部分，设置列表的排版效果，同时设置联系邮箱的颜色效果。

```
.contact{
    background:#000000;
    text-align:left;
    color:#FFFFFF;
    padding:30px;
    margin:40px 0 0 0;
}
.contact address ul{
    list-style-type:none;
    font-size:0.8rem;
}
.contact address ul a{color:#00aaff;}
```

效果如图 1-16-8 所示。

图 1-16-8　“联系我们”模块效果

设置导航栏效果时，注意导航图标的底部和列表项内容的顶部务必要重合。该设置可以在绝对定位的 top 属性中进行设置。

在实际应用中，特别要注意的是，综合设置 list-style 中标记类型、标记位置、标记图片必须按照顺序进行设置，顺序不可更改。

任务拓展

在列表设置中，往往是列表项图像的大小和文字匹配，当文字大小进行修改后，列表项图像大小也需要重新修改。当文字大小变化时，如何保证列表项图像大小也跟着等比变化呢？扫描右侧的二维码，来了解相关知识吧。

任务 17　使用 CSS 动画制作下拉菜单

任务目标

1. 能够描述 CSS3 中的过渡属性，并能够制作过渡时间、动画快慢等常见过渡效果。
2. 能够描述 CSS3 中的变形属性，并能够制作各种转换效果。
3. 能够描述 CSS3 中的动画属性，并能够制作网页常见的动画效果。
4. 能够综合运用过渡、变形和动画样式属性制作页面下拉菜单动作。

任务描述

在 CSS3 中，提供了对动画制作的支持，通过样式的设置，我们可以实现动画的过渡、2D 转换、3D 转换、旋转、缩放等效果，本次任务页面效果图，使用 CSS 样式，在任务 16 基础上，使用 CSS3 的动画样式来制作酷炫的下拉菜单。

任务分析

在学习以下知识技能的基础上，**使用 CSS 动画制作酷炫下拉菜单**。

1. 过渡属性的使用。
2. 变形属性的使用。
3. 动画属性的使用。

D 清单网页的下拉菜单的动画效果分析如图 1–17–1 所示。

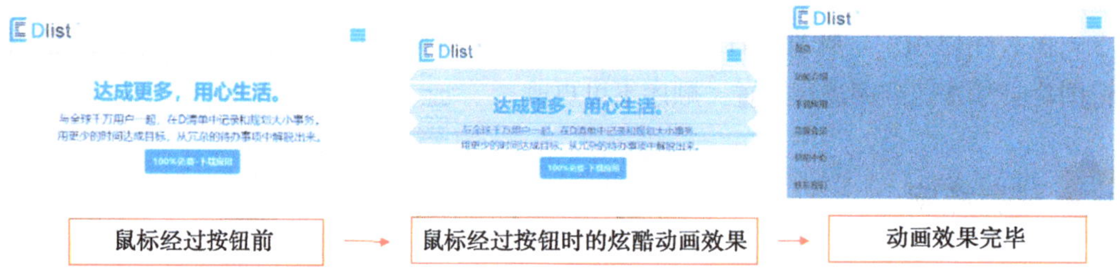

● 图 1–17–1　D 清单网页中的下拉菜单动画效果

知识与技能准备

1. 过渡效果

通过 CSS，可以在不使用 Flash 动画或 JavaScript 的情况下，当元素从一种样式变换为另一种样式时为元素添加效果。要实现这一点，必须规定两项内容：希望把效果添加到哪个 CSS 属性上、效果的时长。

（1）transition–property 属性

transition–property 属性规定应用过渡效果的 CSS 属性的名称。当指定的 CSS 属性改变时，过渡效果将开始。

语法：transition–property: 属性值 ;

该属性的属性值见表 1–17–1。

表 1–17–1　　　　transition–property 属性值

属性值	描述
none	没有属性会获得过渡效果
all	所有属性都将获得过渡效果
property	定义应用过渡效果的 CSS 属性名称列表，列表以逗号分隔

（2）transition-duration

transition-duration 属性规定完成过渡效果需要花费的时间（以秒或毫秒计）。

语法：transition-duration: time;

说明：默认值是 0，表示不会有过渡效果。

【课堂练习 1-17-1　制作颜色区域的扩展效果】

HTML 标签代码如下：

```
<div></div>
<p> 请把鼠标指针移动到红色的 div 元素上，就可以看到过渡效果。
</p>
```

CSS 标签代码如下：

```
div{
    width:100px;
    height:100px;
    background:#f00;
    transition-property:width;
    transition-duration:2s;
    -moz-transition-property:width;
/*-moz- 为兼容 Firefox 浏览器 */
    -moz-transition-duration:2s;
    -webkit-transition-property:width;
/*-webkit- 为兼容 Safari and Chrome 浏览器 */
    -webkit-transition-duration:2s;
    -o-transition-property:width;/*-o- 为兼容 Opera 浏览器 */
    -o-transition-duration:2s;
}
div:hover{width:300px;}
```

显示效果如图 1-17-2 和图 1-17-3 所示。

请把鼠标指针移动到红色的 div 元素上，就可以看到过渡效果。

图 1-17-2　过渡效果 – 光标未经过红色区域

请把鼠标指针移动到红色的 div 元素上，就可以看到过渡效果。

● 图 1-17-3　过渡效果－光标经过红色区域逐渐过渡

【课堂练习 1-17-2　制作颜色区域的颜色变化效果】

HTML 标签代码如下：

```
<div></div>
<p> 请把鼠标指针移动到红色的 div 元素上，就可以看到红色到黄色的过渡效果。
</p>
```

CSS 标签代码如下：

```
div{
    width:300px;
    height:100px;
    background:#f00;
    transition-property:background;
    transition-duration:2s;
    -moz-transition-property:background;
/*-moz- 为兼容 Firefox 浏览器 */
    -moz-transition-duration:2s;
    -webkit-transition-property:background;
/*-webkit- 为兼容 Safari and Chrome 浏览器 */
    -webkit-transition-duration:2s;
    -o-transition-property:background;
/*-o- 为兼容 Opera 浏览器 */
    -o-transition-duration:2s;}
    div:hover{background:#ff0;
}
```

显示效果如图 1-17-4、图 1-17-5、图 1-17-6 所示。

请把鼠标指针移动到红色的div元素上，就可以看到红色到黄色的过渡效果。

● 图 1-17-4　过渡效果－光标未经过红色区域

请把鼠标指针移动到红色的div元素上，就可以看到红色到黄色的过渡效果。

● 图 1-17-5 过渡效果 - 光标经过红色区域颜色过渡中

请把鼠标指针移动到红色的div元素上，就可以看到红色到黄色的过渡效果。

● 图 1-17-6 过渡效果 - 光标经过红色区域颜色最终过渡效果

（3）transition-timing-function

transition-timing-function 属性规定过渡效果的速度曲线。

语法：transition-timing-function: 属性值；

该属性的属性值见表 1-17-2。

表 1-17-2 **transition-timing-function 属性值**

属性值	描述
linear	规定以相同速度开始至结束的过渡效果
ease	规定慢速开始，然后变快，最后慢速结束的过渡效果
ease-in	规定以慢速开始的过渡效果
ease-out	规定以慢速结束的过渡效果
ease-in-out	规定以慢速开始和结束的过渡效果
cubic-bezier（*n*，*n*，*n*，*n*）	在 cubic-bezier 函数中定义自己的值。可能的值是 0 至 1 之间的数值

【课堂练习 1-17-3 制作区域的过渡速度效果】

HTML 标签代码如下：

```
<div id="div1">设置属性值 linear</div>
<div id="div2">设置属性值 ease</div>
<div id="div3">设置属性值 ease-in</div>
<div id="div4">设置属性值 ease-out</div>
<div id="div5">设置属性值 ease-in-out</div>
<p>请把鼠标指针移动到红色的 div 元素上，就可以看到过渡的不同速度效果。
</p>
```

CSS 标签代码如下：

```
div{
    width:100px;
    height:50px;
    margin:10px;
    background:blue;
    color:white;
    font-weight:bold;
    transition-property:width;
    -moz-transition-property:width;
    -webkit-transition-property:width;
-o-transition-property:width;
transition-duration:2s;
-moz-transition-duration:2s;
-webkit-transition-duration:2s;
-o-transition-duration:2s;
}
#div1{transition-timing-function:linear;}
#div2{transition-timing-function:ease;}
#div3{transition-timing-function:ease-in;}
#div4{transition-timing-function:ease-out;}
#div5{transition-timing-function:ease-in-out;}
/*-moz- 为兼容 Firefox 浏览器 */
#div1{-moz-transition-timing-function:linear;}
#div2{-moz-transition-timing-function:ease;}
#div3{-moz-transition-timing-function:ease-in;}
#div4{-moz-transition-timing-function:ease-out;}
#div5{-moz-transition-timing-function:ease-in-out;}
/*-webkit- 为兼容 Safari and Chrome 浏览器 */
#div1{-webkit-transition-timing-function:linear;}
#div2{-webkit-transition-timing-function:ease;}
#div3{-webkit-transition-timing-function:ease-in;}
#div4{-webkit-transition-timing-function:ease-out;}
#div5{-webkit-transition-timing-function:ease-in-out;}
/*-o- 为兼容 Opera 浏览器 */
#div1{-o-transition-timing-function:linear;}
#div2{-o-transition-timing-function:ease;}
#div3{-o-transition-timing-function:ease-in;}
#div4{-o-transition-timing-function:ease-out;}
#div5{-o-transition-timing-function:ease-in-out;}
div:hover{width:300px;}
```

显示效果如图 1-17-7、图 1-17-8 所示。

请把鼠标指针移动到红色的 div 元素上，就可以看到过渡的不同速度效果。

● 图 1-17-7 过渡效果 – 光标未经过蓝色区域

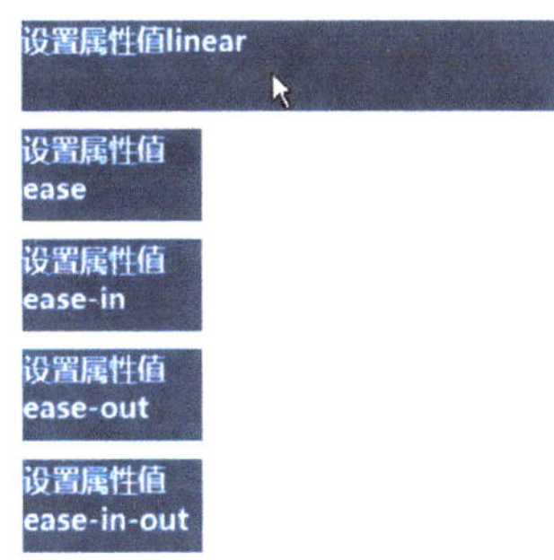

请把鼠标指针移动到红色的 div 元素上，就可以看到过渡的不同速度效果。

● 图 1-17-8 过渡效果 – 光标经过蓝色区域体验不同过渡速度

（4）transition-delay

transition-delay 属性规定过渡效果何时开始。transition-delay 值以秒或毫秒计。

语法：transition-delay: time;

（5）transition

transition 属性是一个简写属性，一般情况下，transition-property、transition-duration、transition-timing-function、transition-delay 四个过渡属性经常出现，为了避免代码过于冗长，可以采用简写的形式。

语法：transition: property duration timing-function delay;

注意：

1）使用 transition 属性设置多个过渡效果时，必须严格按照 transition-property、transition-duration、transition-timing-function、transition-delay 的顺序进行定义，顺序不能互换。

2）务必始终设置 transition-duration 属性，否则默认时长为 0，就不会产生过渡效果。

3）如果同时设置多个过渡效果，需要为每个过渡属性集中指定所有的值，并且使用逗号隔开。

【课堂练习 1-17-4　采用简写属性制作过渡效果】

HTML 标签代码如下：

```
<div>效果3</div>
```

CSS 标签代码如下：

```
div{
    transition:background-color 2s ease-in 1ms,box-shadow 2s ease-in
1ms,color 2s ease-in 1ms;
    width:100px;
    height:20px;
    border-radius:10px;
    text-align:center;
    padding:5px 0;
    border:5px rgb(204,102,255) solid;
    background-color:rgba(204,102,255,1);
    box-shadow:0 0 0 0 rgba(204,102,255,1);
/*思考为什么4个参数都设置为0*/
    color:#FFF;}
div:hover{
    background-color:rgba(204,102,255,0);
    box-shadow:0 0 10px rgba(204,102,255,0);
    color:rgb(204,102,255);
}
```

显示效果如图 1-17-9 所示。

图 1-17-9　采用简写属性制作过渡效果

2. 变形效果

通过 CSS，可以在不使用 Flash 动画或 JavaScript 的情况下，对元素进行移动、缩放、转动、拉长或拉伸，达到变形的效果。变形效果可以使用 2D 或 3D 转换实现。

（1）2D 转换

代码格式：transform: 变形方式 (参数);

下面介绍各种变形方式。

1）平移 translate

语法：transform:translate (*x* 轴的参数 , *y* 轴的参数);

通过 translate( ) 方法，元素根据给定的 left（*x* 坐标）和 top（*y* 坐标）位置参数进行移动。

【课堂练习 1-17-5　设置区域的平移效果】

HTML 标签代码如下：

```
<div></div>
```

CSS 标签代码如下：

```
div{
    width:200px;
    height:200px;
    margin:50px auto;
    background:#0F0;
    transition:all 2s;
}
div:hover{
    transform:translate(-100px,200px);
}
```

显示效果如图 1-17-10 所示。

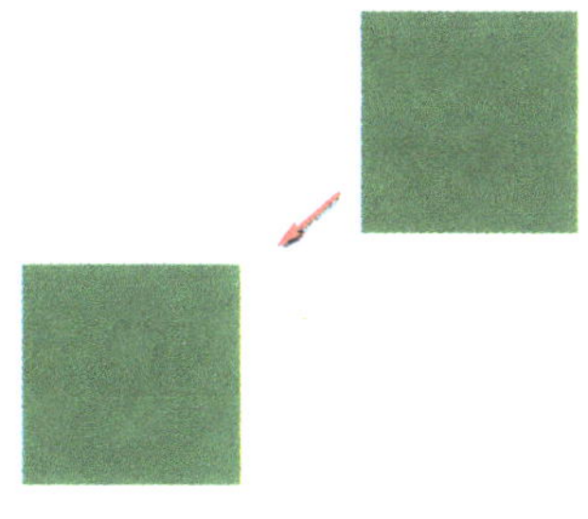

● 图 1-17-10　光标经过区域时，区域的平移效果

从样式表和图 1-17-10 可知，translate 的 *x* 轴参数是负数，则向左平移，*y* 轴参数是正数，则向下平移。

2）旋转 rotate

旋转变形可让标签旋转指定的角度。

语法：transform:rotate (角度);

通过 rotate( ) 方法，元素顺时针旋转给定的角度。若为负值，元素将逆时针旋转。

【课堂练习 1-17-6　设置区域的旋转效果】

HTML 标签代码如下：

```
<div id="main">
    <div class="div1"></div>
    <div class="div2"></div>
    <div class="clear"></div>
    <div class="div3"></div>
    <div class="div4"></div>
    <div class="clear"></div>
</div>
```

CSS 标签代码如下：

```
#main{width:500px;
    margin:50px auto;}
.div1,.div2,.div3,.div4{
    height: 200px;
    width: 200px;
    background:#FF0;}
.div1{
    transform:rotate(30deg);
    float:left;}
.div2{
    transform:rotate(-30deg);
    float:right;}
.clear{clear:both;}
.div3{
    margin:100px 0 0 0;
    transform:rotate(60deg);
    float:left;}
.div4{
    margin:100px 0 0 0;
    transform:rotate(-60deg);
    float:right;}
```

显示效果如图 1-17-11 所示。

3）缩放 scale

语法：transform:scale（水平缩放，垂直缩放）;

通过 scale( ) 方法，元素的尺寸会根据给定的宽度（x 轴）和高度（y 轴）参数增加或减少。

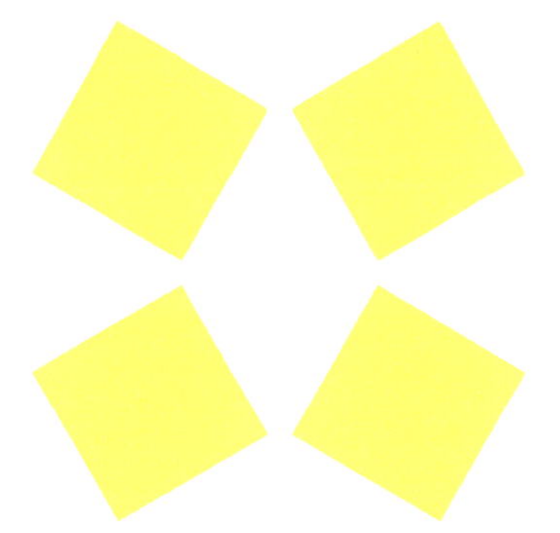

● 图 1-17-11 设置区域的旋转效果

【课堂练习 1-17-7 设置区域的缩放效果】

HTML 标签代码如下：

```
<div></div>
```

CSS 标签代码如下：

```
div{
    width:200px;
    height:200px;
    margin:50px auto;
    background:#00F;
    transition:all 2s;}
div:hover{transform:scale(2,0.5);
}
```

显示效果如图 1-17-12 和图 1-17-13 所示。

● 图 1-17-12 缩放效果 – 光标未经过区域

● 图 1-17-13 光标经过区域的最终缩放效果

4）倾斜 skew

语法：transform:skew (*x* 轴的参数 , *y* 轴的参数);

通过 skew( ) 方法，元素根据给定的水平（*x* 轴）和垂直（*y* 轴）角度参数进行翻转。

【课堂练习 1-17-8　设置区域的倾斜效果】

HTML 标签代码如下：

```
<div></div>
```

CSS 标签代码如下：

```
div{
    width:200px;
    height:200px;
    margin:150px auto;
    background:#F30;
    transition:all 2s;
}
div:hover{transform:skew(30deg,45deg);}
```

显示效果如图 1-17-14 和图 1-17-15 所示。

● 图 1-17-14　倾斜效果 – 光标未经过区域

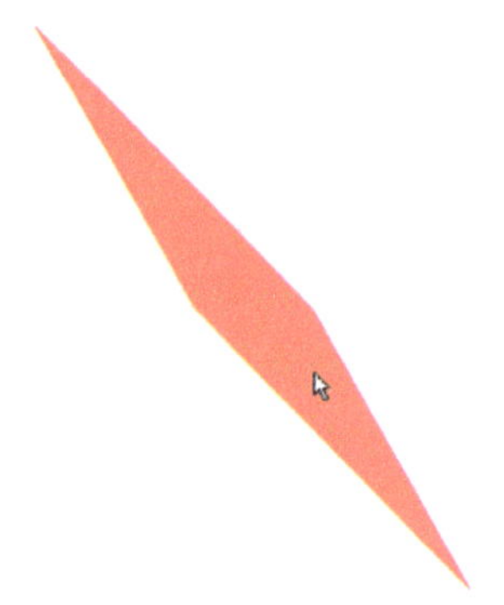

● 图 1-17-15　光标经过区域的最终倾斜效果

（2）3D 转换

2D 转换主要是通过 x 轴和 y 轴来进行变形，而 3D 转换主要是通过 x 轴、y 轴和 z 轴来进行元素的格式化。

并不是所有浏览器都支持 3D 转换，目前，Microsoft Edge、IE 9、Firefox 4、Chrome 13、Safari 5.1.7、Opera 11.5 及以上各版本浏览器支持 3D 转换。旧版本浏览器的兼容性问题将在任务 23 具体介绍。

1）rotateX ()

通过 rotateX () 可使元素围绕其 x 轴以给定的度数进行旋转。

【课堂练习 1-17-9　设置 3D 转换效果 -x 轴】

HTML 标签代码如下：

```
<div> 你好，将进行 3D 转换。</div>
```

CSS 标签代码如下：

```
div{
    width:300px;
    height:100px;
    background-color:green;
    border:1px solid black;}
div:hover{
    transform:rotateX(135deg);
    -webkit-transform:rotateX(135deg);
    -moz-transform:rotateX(135deg);}
```

显示效果如图 1-17-16 和图 1-17-17 所示。

● 图 1-17-16　设置 3D 转换效果 – *x* 轴（光标未经过区域）

● 图 1-17-17　设置 3D 转换效果 – *x* 轴（光标经过区域）

2）rotateY ()

rotateY () 方法可使元素围绕其 *y* 轴以给定的度数进行旋转。

【课堂练习 1-17-10　设置 3D 转换效果 -*y* 轴】

HTML 标签代码如下：

```
<div> 你好，将进行 3D 转换。</div>
```

CSS 标签代码如下：

```
div{
    width:300px;
    height:100px;
    background-color:green;
    border:1px solid black;}
div:hover{
    transform:rotateY(120deg);
    -webkit-transform:rotateY(120deg);
    -moz-transform:rotateY(120deg);}
```

显示效果如图 1-17-18 和图 1-17-19 所示。

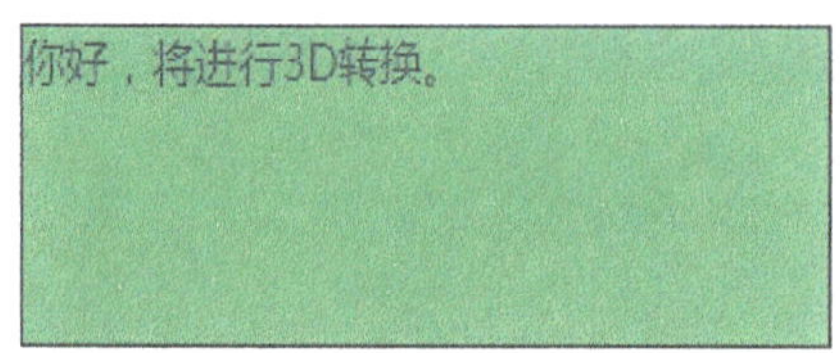

● 图 1-17-18 设置 3D 转换效果 – y 轴（光标未经过区域）

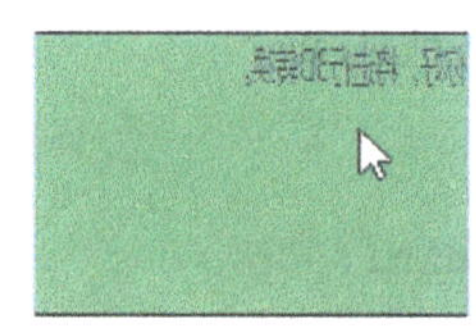

● 图 1-17-19 设置 3D 转换效果 – y 轴（光标经过区域）

3. 动画效果

CSS3 除了支持过渡、变形等效果外，还可以实现强大的动画效果，这可以在许多网页中取代动画图片、Flash 动画以及 JavaScript。

动画效果可以通过 @keyframes 规则来创建。在 @keyframes 中定义某种 CSS 样式，就能创建由当前样式逐渐改为新样式的动画效果。动画效果可用于制作一些简单的动态效果或广告。

动画效果的代码由两部分组成，第一部分为标签声明动画效果。

语法：animation: 动画名称 执行时间 速度曲线 延迟时间 播放次数 播放方向 ;

注意：动画名称和执行时间必须存在，否则动画不会播放。

第二部分设置动画的实际效果。

语法：@keyframes 动画名称 {

　　动画内容

　　}

用百分比来规定变化发生的时间，也可用关键词 “from” 和 “to”，等同于 0% 和 100%。0% 是动画的开始，100% 是动画的结束。为了得到最佳的浏览器支持，最好使用 0% 和 100% 来定义动画的开始和结束。

@keyframes 规则和所有动画属性见表 1-17-3。

表 1-17-3　　@keyframes 规则和所有动画属性

属性	描述
@keyframes	规定动画
animation	所有动画属性的简写属性，但不包括 animation-play-state 属性
animation-name	规定 @keyframes 动画的名称
animation-duration	规定动画完成一个周期所花费的时间，以秒或毫秒为单位，默认值是 0
animation-timing-function	规定动画的速度曲线，默认值是 ease

续表

属性	描述
animation-delay	规定动画何时开始，即延迟时间，默认值是 0
animation-iteration-count	规定动画被播放的次数，默认值是 1
animation-direction	规定动画是否在下一周期逆向地播放，默认值是 normal
animation-play-state	规定动画是否正在运行或暂停，默认值是 running
animation-fill-mode	规定对象动画时间之外的状态

【课堂练习 1-17-11 设置广州塔出场动画效果】

HTML 标签代码如下：

```
<div>  </div>
```

CSS 标签代码如下：

```
div{animation:ani01 5s;
    -webkit-animation:ani01 5s;
    background:url(../img/gzt.jpg);
    border-radius:50%;
    width:300px;
    height:300px;}
@keyframes ani01{
    0%{width:100px;
    height:100px;}
    100%{width:300px;
    height:300px;}
}
```

显示效果如图 1-17-20 和图 1-17-21 所示。

图 1-17-20 设置广州塔出场动画 – 开始

图 1-17-21 设置广州塔出场动画 – 结束

【课堂练习 1-17-12　设置倒计时动画效果】

HTML 标签代码如下：

```
<div>   </div>
```

CSS 标签代码如下：

```
div{
    animation:ani01 6s;
    -webkit-animation:ani01 6s;
    background:url(../img/tiger.jpg);
    width:300px;
    height:300px;
    border-radius:50%;
}
@keyframes ani01{
0%{background:url(../img/6.jpg)no-repeat center rgba(0,0,255,1);
box-shadow:0 0 0 10px rgba(51,51,51,0.5);}
20%{background:url(../img/5.jpg)no-repeat center rgba(0,0,255,0.5);}
40%{background:url(../img/4.jpg)no-repeat center rgba(0,255,0,1);}
50%{box-shadow:0 0 0 10px rgba(255,102,0,1);}
60%{background:url(../img/3.jpg)no-repeat center rgba(0,255,0,0.5);}
80%{background:url(../img/2.jpg)no-repeat center rgba(255,255,0,1);}
100%{background:url(../img/1.jpg)no-repeat  center  rgba(255,0,0,1);
box-shadow:0 0 0 10px rgba(102,255,255,0.5);}
}
/* 以下兼容 Chrome 和 Safari 浏览器 */
@-webkit-keyframes ani01{
0%{background:url(../img/6.jpg) no-repeat center rgba(0,0,255,1);
box-shadow:0 0 0 10px rgba(51,51,51,0.5);}
20%{background:url(../img/5.jpg)no-repeat center rgba(0,0,255,0.5);}
40%{background:url(../img/4.jpg)no-repeat center rgba(0,255,0,1);}
50%{box-shadow:0 0 0 10px rgba(255,102,0,1);}
60%{background:url(../img/3.jpg)no-repeat center rgba(0,255,0,0.5);}
80%{background:url(../img/2.jpg)no-repeat center rgba(255,255,0,1);}
100%{background:url(../img/1.jpg)no-repeat  center  rgba(255,0,0,1);box-
shadow:0 0 0 10px rgba(102,255,255,0.5);}
}
/* 以下兼容 Firefox 浏览器 */
@-moz-keyframes ani01{
0%{background:url(../img/6.jpg) no-repeat center rgba(0,0,255,1);
box-shadow:0 0 0 10px rgba(51,51,51,0.5);}
20%{background:url(../img/5.jpg)no-repeat center rgba(0,0,255,0.5);}
```

```
40%{background:url(../img/4.jpg)no-repeat center rgba(0,255,0,1);}
50%{box-shadow:0 0 0 10px rgba(255,102,0,1);}
60%{background:url(../img/3.jpg)no-repeat center rgba(0,255,0,0.5);}
80%{background:url(../img/2.jpg)no-repeat center rgba(255,255,0,1);}
100%{background:url(../img/1.jpg)no-repeat center rgba(255,0,0,1);
box-shadow:0 0 0 10px rgba(102,255,255,0.5);}
}
```

显示效果如图 1-17-22 所示。

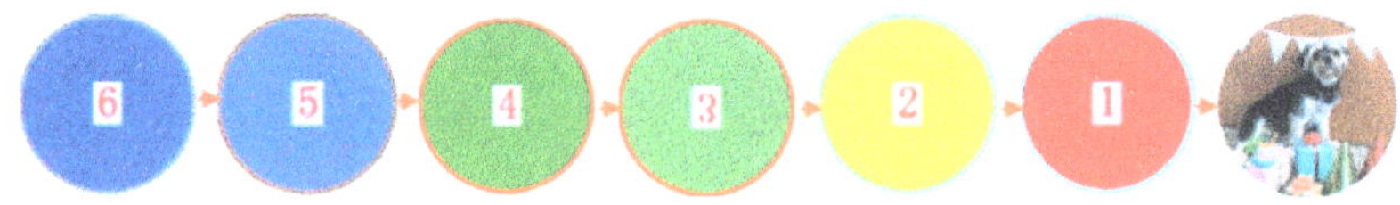

● 图 1-17-22　设置倒计时动画效果

任务实施

打开 Visual Studio Code 软件，在 CSS 样式设置中，为头部导航菜单添加百叶窗的动画效果。当光标经过导航菜单图标时，自动展开表单列表。列表的显示方式一方面是颜色由全透明到全不透明的过渡；另一方面是列表项以 x 轴的 3D 旋转透视效果。其中，单数列表项以 x 轴的 3D 90° 旋转，复数列表项以 x 轴的 3D –90° 旋转。参考代码如下：

```
header nav ul{
position:absolute;
top:80px;/* 注意该设置 */
left:0;
width:100%;
font-weight:bold;
color:#000;
padding:0;
margin:0;
z-index:-1;  /* 堆叠顺序为负数表示远离用户 */
}
header nav li{
padding:10px;
margin:0 10px;
list-style-type:none;
opacity:0;
background:#888;
transition:all 5s;
}
```

```
header nav li:nth-child(1){
transform:perspective(120px) rotateX(90deg);
margin-top:-15px;
}
header nav li:nth-child(2){
transform:perspective(120px) rotateX(-90deg);
margin-top:-20px;
}
header nav li:nth-child(3){
transform:perspective(120px) rotateX(90deg);
margin-top:-25px;
}
header nav li:nth-child(4){
transform:perspective(300px) rotateX(-90deg);
margin-top:-30px;
}
header nav li:nth-child(5){
transform:perspective(300px) rotateX(90deg);
margin-top:-35px;
}
header nav li:nth-child(6){
transform:perspective(300px) rotateX(-90deg);
margin-top:-40px;
}
header nav:hover ul{z-index:1;}   /* 堆叠顺序为正数表示靠近用户 */
header nav:hover li{
opacity:1;
transform:perspective(0) rotatex(0);
margin-top:0;
}
```

效果如图 1-17-23 和图 1-17-24 所示。

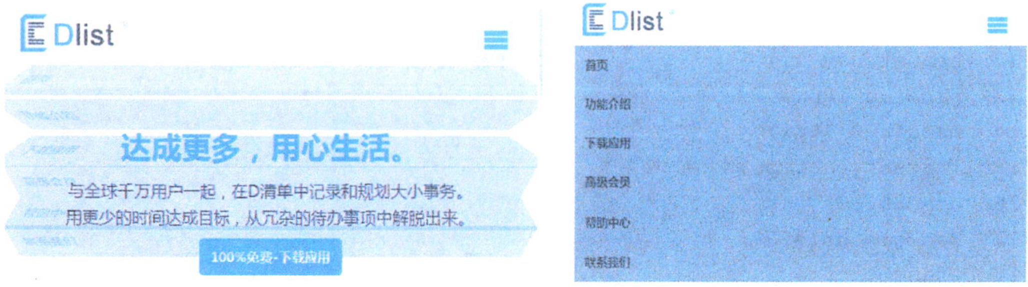

● 图 1-17-23　导航栏动画渐变过程　　● 图 1-17-24　导航栏动画完毕后的效果

任务拓展

动画特效在日常的网页设计中经常用到，现通过一个案例“二十四节气之春季”来对本任务内容以及前面所学内容进行综合应用。扫描右侧二维码阅读案例的具体内容。

任务 18 设置表单元素交互效果

任务目标

1. 能够叙述通过 CSS 样式美化表单的方法。
2. 能够根据需要对 vertical-align 属性的不同取值进行设置。
3. 能够综合运用 CSS 样式对页面的表单元素进行美化。

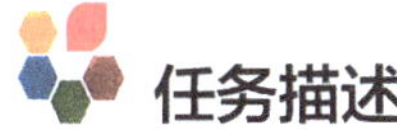

任务描述

使用表单的目的除了收集用户信息外，更多的是为了提供更好的服务体验。在网页设计中，不仅需要设置所需表单的相关功能，还需要让表单控件更加美观，让用户在使用表单时有一个愉快的体验。本次任务根据页面效果图，使用 CSS 样式，在任务 17 基础上设置表单的交互效果。

任务分析

在学习以下知识技能的基础上，完成 **D 清单网页表单交互效果的美化**。

1. 表单焦点获取效果。
2. vertical-align 属性的应用。

D 清单网页的表单交互效果分析如图 1-18-1 所示。

知识与技能准备

1. 美化文本框

表单中默认的文本框是长方形的，比较死板；录入的文字和文本框边缘的距离较

近，显得比较拥挤，如图 1-18-2 所示。

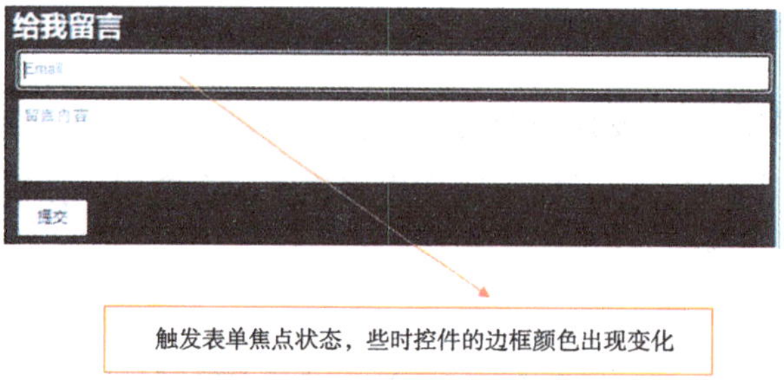

触发表单焦点状态，些时控件的边框颜色出现变化

● 图 1-18-1　D 清单网页表单交互效果

● 图 1-18-2　默认的文本框效果

文本框一般可以采用设置边框内边距、添加圆角边框效果、设置焦点、改变边框颜色等方式来进行美化。

边框的内边距 padding 设置主要是为了让录入的文字和文本框边框的距离留有一定空间，让浏览的效果更好，具体的设置可以参考任务 12 的内容。圆角边框效果主要是让边框的四个角有弧度，提高美感，具体的设置可以参考任务 14 的内容。焦点的触发状态可以通过伪类“:focus”对标签进行设置。

【课堂练习 1-18-1　美化文本框效果】

HTML 标签代码如下：

```
<form>
    <input type="text" name="name" size="20" maxlength="4"
    autocomplete="off" placeholder=" 请输入姓名 " class="a1">
</form>
```

CSS 标签代码如下：

```
.a1{padding:10px;
    border:solid 1px #000;
    border-radius:3px;}
    input:focus{border:solid 1px #00ff00;  /* 触发表单焦点状态 */
    outline: none;
}
```

显示效果如图 1-18-3 和图 1-18-4 所示。

● 图 1-18-3　文本框美化效果

● 图 1-18-4　文本框触发焦点状态效果

图 1-18-3 是通过设置文本框的内边距和圆角边框效果来达到美化的目的；图 1-18-4 是设置了文本框的焦点状态，当文本框处于信息录入时，如录入“ddd”，自动触发了焦点状态。CSS 样式表第 5 行代码“outline:none;”表示清除轮廓效果。这是因为部分浏览器的表单会默认自带焦点状态效果，如 Chrome 浏览器。因此必须先清除浏览器的轮廓效果，自己设置的“:focus”才能起到作用。

2. 美化按钮

表单中默认的按钮也是长方形的，比较死板；录入的文字和文本框边缘的距离较近，显得比较拥挤，如图 1-18-5 所示。

● 图 1-18-5　默认的按钮

按钮一般可以采用设置边框内边距、添加圆角边框效果、设置背景颜色、设置光标经过时的效果等方式来进行美化。

【课堂练习 1-18-2　美化按钮效果】

HTML 标签代码如下：

```
<form>
    <div><input type="submit" value=" 确定 " name="submit" class="a2">
    </div>
</form>
```

CSS 标签代码如下：

```
input{color:#fff;
    font-family:" 楷体 ";}
.a2{width:80px;
    padding:10px;
    border:none;
    border-radius:18px;
    background:linear-gradient(45deg,#f00,#ff0);}
.a2:hover{background:linear-gradient(45deg,#ff0,#00FF00);}
```

显示效果如图 1-18-6 所示。

3. 表单控件的对齐方式

默认状态下，表单文本框录入的文字和按钮的文字是以文字底端对齐，如图 1-18-7 所示，但这种对齐方式对

● 图 1-18-6　美化后的按钮

表单的浏览效果不好。这时可以使用 vertical-align 属性来设置元素的垂直对齐方式。该属性定义行内元素的基线相对于该元素所在行的基线垂直对齐，允许指定负长度值和百分比值。

● 图 1-18-7　默认表单控件的对齐方式

语法：vertical-align: 取值；

该属性的取值见表 1-18-1。

表 1-18-1　**vertical-align 的取值**

取值	描述
baseline	默认，元素放置在父元素的基线上
sub	垂直对齐文本的下标
super	垂直对齐文本的上标
top	把元素的顶端与行中最高元素的顶端对齐
text-top	把元素的顶端与父元素字体的顶端对齐
middle	把此元素放置在父元素的中部
bottom	把元素的顶端与行中最低的元素的顶端对齐
text-bottom	把元素的底端与父元素字体的底端对齐
length	长度值
%	使用 line-height 属性的百分比值来排列此元素，允许使用负值

【课堂练习 1-18-3　制作查询功能表单】

HTML 标签代码如下：

```
<form>
    <input type="text" class="a1" value="HTML5">
    <input type="submit" class="a2" value=" 查询 ">
</form>
```

CSS 标签代码如下：

```
 .a1{
    width:250px;
    height:40px;
```

```
    padding:0px 10px;
    vertical-align:bottom;        /* 垂直对齐方式 */
    border:solid 5px #55aaff;
    border-radius:10px 0 0 10px;  /* 左侧圆角 - 左上和左下 */
}/* 实际高度 40+5+5=50px*/
.a2{
    width:80px;
    height:50px;
    vertical-align:bottom;
    border:none;
    border-radius:0 10px 10px 0;  /* 右侧圆角 - 右上和右下 */
    background:#55aaff;
    font:20px 黑体 ;
color:#fff;
}
```

显示效果如图 1–18–8 所示。

图 1–18–8 制作查询功能表单

任务实施

为“给我留言”模块添加表单效果。当鼠标单击表单控件时，触发表单焦点状态，此时控件的边框颜色会出现变化。参考代码如下：

```
.contact input,.contact textarea{
    width:100%;
    padding:5px;
    margin:5px;
    resize:none;
    border-radius:2px;
}
.contact input[type="email"]:focus,.contact textarea:focus{
border:3px solid #00AAFF;}
.contact input[type="submit"]{width:60px;}
```

效果如图 1–18–9 所示。

图 1-18-9 “给我留言”模块效果

在表单的交互效果设置中，为让表单显示的效果更好，可以采用圆角边框对表单控件进行设置，同时设置表单焦点状态以及排版布局。

任务拓展

表单的默认样式都是比较简洁的，在实际页面中往往因审美需求，需要美化它们。常见表单控件的单选按钮和复选框的选择项，可以根据 input 元素与 label 元素相关联，对 label 进行美化并使其覆盖掉原本的 input 元素，从而达到美化选择项的目的。扫描右侧二维码了解相关知识。

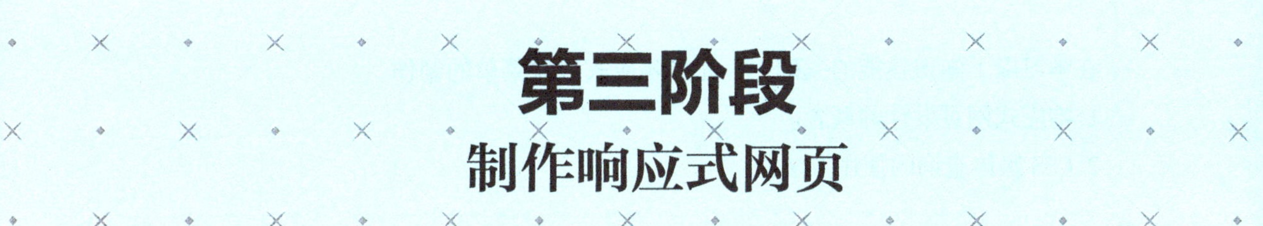

任务 19　制作响应式导航菜单

任务目标

1. 能表述响应式网页设计的相关概念。
2. 能说明 CSS 媒体查询在响应式网页设计中的作用。
3. 能够正确使用 CSS 媒体查询等完成页面响应式导航菜单的制作。

任务描述

本次任务根据页面效果图，使用 CSS 样式，在前一阶段任务基础上，将 D 清单网页设置为响应式网页，当用户使用手机、平板或计算机访问时，对导航栏中的列表标签进行相应样式的设置和排版，显示不同效果，如图 1-19-1 所示。

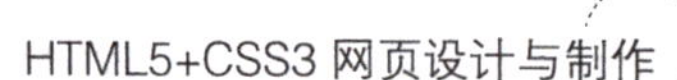

a）手机端

Dlist　　首页　功能介绍　下载应用　高级会员　帮助中心　联系我们

b）平板及计算机端

● 图 1-19-1　导航栏效果

任务分析

在学习以下知识技能的基础上，完成**响应式导航菜单的制作**。

1. 响应式网页设计的概念。
2. CSS 媒体查询的使用方法。

知识与技能准备

1. 认识响应式网页设计

响应式网页设计就是网页的设计与开发能够根据用户行为以及设备环境（系统平台、屏幕尺寸、屏幕定向等）进行相应的响应和调整，即无论用户正在使用计算机、平板还是手机，页面都能够自动切换分辨率、图片尺寸等，以适应不同设备。例如，图 1-19-2 ~ 图 1-19-4 是同一个网页在不同的设备所显示的效果。

● 图 1-19-2　计算机版

● 图 1-19-3　平板版

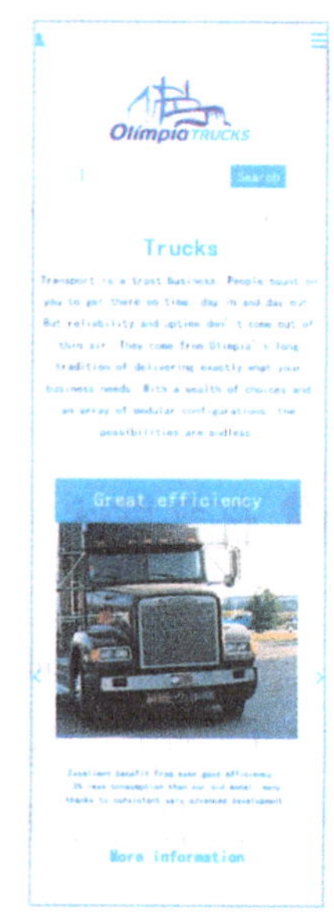

● 图 1-19-4　手机版

实现响应式网页设计的主要途径是使用 CSS 媒体查询。

2. CSS 媒体查询

CSS 媒体查询可以根据不同的屏幕尺寸设置不同的样式，在重置浏览器大小的过程中，也会根据浏览器的宽度和高度重新渲染页面。

其语法形式如下：

```
@media mediatype and|not|only(media feature)
{
CSS-Code;
}
```

其中，mediatype 即媒体类型，其种类见表 1-19-1。

表 1-19-1　　**媒体类型的种类**

种类	描述
all	用于所有设备
print	用于打印机和打印预览
screen	用于在计算机显示器、平板计算机、智能手机等设备上显示
speech	用于屏幕阅读等发声设备

media feature 即媒体功能，其取值见表 1-19-2。

表 1-19-2　　**媒体功能的取值**

值	描述
width	浏览器可视宽度
height	浏览器可视高度
device-width	设备屏幕的宽度
device-height	设备屏幕的高度
orientation	检测设备目前处于横向还是纵向状态
aspect-ratio	检测浏览器可视宽度和高度的比例（例如，aspect-ratio: 16/9）
device-aspect-ratio	检测设备的宽度和高度的比例
color	检测颜色的位数（例如，min-color: 32 就会检测设备是否拥有 32 位颜色）
color-index	检查设备颜色索引表中的颜色，它的值不能是负数
monochrome	检测单色帧缓冲区域中每个像素的位数
resolution	检测屏幕或打印机的分辨率
grid	检测输出的设备是网格的还是位图设备

具体应用形式示意如下：

```
@media screen and (min-width:320px) and (max-width:768px) {
……/* 这里的样式将会应用到 320px 至 768px 之间的显示屏 */
}
/*@media 查询媒体；如果媒体是显示屏幕（screen），且显示宽度在 320px 至 768px 之
间，则执行后续的样式代码。注意 and 前后要添加空格。
*/
```

【课堂练习 1-19-1　CSS 媒体查询简单应用】

HTML 标签代码如下：

```
<div class="text">some text</div>
```

CSS 标签代码如下：

```
.text{
    color:grey;}
@media screen and(max-width:960px){
.text{
    color:red;}
}
@media screen and(max-width:768px){
.text{
    color:orange;}
}
@media screen and(max-width:550px){
.text{
    color:yellow;}
}
@media screen and(max-width:320px){
.text{
    color:green;}
}
```

在浏览器的响应式设计模式下调整浏览器视口宽度，可以看到在不同分辨率下，文字的颜色有所变化，如图 1-19-5 ~ 图 1-19-7 所示。

图 1-19-5　768 px 下文字颜色效果（橘黄色）

● 图 1-19-6 550 px 下文字颜色效果（黄色）

● 图 1-19-7 320 px 下文字颜色效果（绿色）

这些变化正是媒体查询所要实现的效果。媒体查询就是通过不同的媒体类型和条件定义样式表规则。媒体查询的实现方法很多，这里只介绍了 W3C 推荐的媒体查询 CSS 样式规则。

也可以通过下列两种写法来实现媒体查询。

写法 1：

```
@import url(example.css)screen and(width:800px);
```

写法 2：

```
<link media="screen and(width:800px)" rel="stylesheet"
href="example.css"/>
```

另外，在使用 media 时，需要先设置下面这段代码，来兼容移动设备的展示效果。

```
<meta name="viewport" content="width=device-width,initial-
scale=1.0>
```

其中，width=device-width 为宽度等于当前设备的宽度，initial-scale 为初始的缩放比例（默认设置为 1.0）。

任务实施

更改 D 清单网页头部的导航栏部分，让导航栏的列表内容显示在页面顶部。

注意，本任务中，因为设置了变换和过渡属性，所以其元素的显示和隐藏并不完全是依赖 display 的方式来实现，而是通过 opacity 属性修改透明度来实现。

```
/* 响应式导航菜单设定：平板和计算机附加的样式，页面宽度大于等于 768px*/
@media all and (min-width:768px){
    /* 隐藏手机端菜单图标 */
    header nav span{
        display:none;
    }
    /* 显示导航栏并横向显示 */
    header nav{
        width:auto;
    }
    header nav ul{
        position:static;
    }
    header nav li:nth-child(1),header nav li:nth-child(2),header nav li:nth-child(3),header nav li:nth-child(4),header nav li:nth-child(5),header nav li:nth-child(6){
        transform:none;
        transition:none;
        opacity:1;
        margin:0 0.5rem;
        float:left;
        background-color:#fff;
    }
}
```

任务拓展

二级导航菜单即指当光标放到一级导航菜单上后，会弹出相应的二级导航菜单，移去光标后消失。我们可以通过给一级导航菜单添加“hover”，来实现二级导航菜单。扫描右侧二维码了解相关知识。

任务 20　编写网页栅格系统

任务目标

1. 能够叙述网页栅格系统的布局原理和栅格系统的设计原则。
2. 能够编写固定宽度和弹性页面栅格系统的 CSS 布局代码。

3. 能够将栅格系统和媒体查询功能结合，制作 CSS 布局文件，兼容任意宽度的网页排版布局。

4. 明确伸缩盒子的功能特点，并能辨析其与传统的响应式浮动布局的差异。

5. 能够综合运用各栅格技术编写栅格系统使其后续能够应用于页面进行弹性布局。

任务描述

本次任务将媒体查询功能和栅格化布局结合，制作一个适用于页面排版布局的通用型 CSS 文件，使得任何一个按要求设置并应用该 CSS 文件的页面能够实现响应式效果。编写的文件接下来将应用于 D 清单网页的响应式布局。具体要求为：编写一个通用型栅格系统代码文件；文件能够被复用于应用其他页面进行栅格化布局。

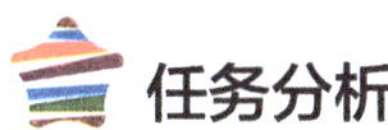

任务分析

在学习以下知识技能的基础上，完成**测试页面中栅格系统样式代码编写和测试**。

1. 栅格系统的布局原理和设计原则。

2. 固定宽度和任意宽度页面的栅格系统区别及 CSS 布局代码编写。

3. 编写适用于任意宽度的栅格系统文件，并进行测试。

知识与技能准备

1. 认识网页栅格系统

网页栅格系统是一种网页排版布局方式，将网页宽度平分为多个等份的网格，如 6 等份、12 等份、24 等份，页面中每个模块的宽度设置为 1 等份的整倍数。例如，图 1-20-1 是将页面分为 6 等份的布局效果。

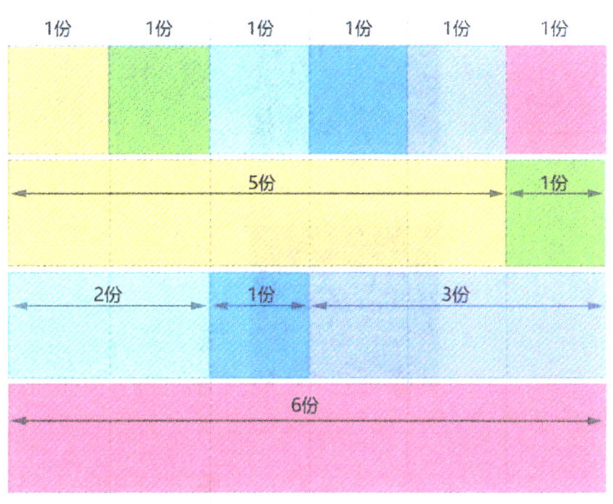

图 1-20-1　栅格系统示意图

对于网页设计来说，栅格系统的使用，不仅可以让网页的信息呈现更加美观易读，更具可用性。对于前端开发来说，网页将更加灵活与规范，如图 1-20-1 的 6 等份的网格，还可组

合出 2：2：2、3：3、4：2 等布局方式。图 1–20–2 ~ 图 1–20–4 是不同等份的分割在网页中的实际应用。

● 图 1–20–2　6 等份栅格网页

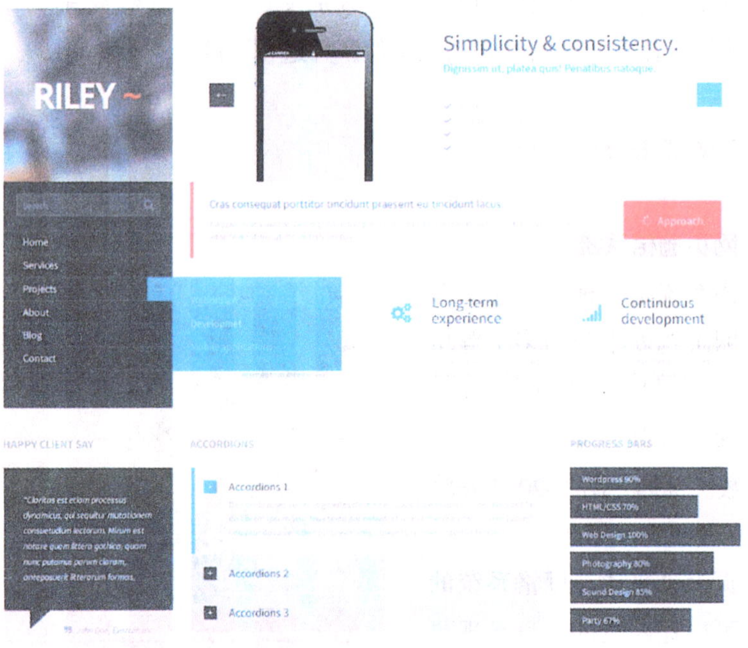

● 图 1–20–3　12 等份栅格网页

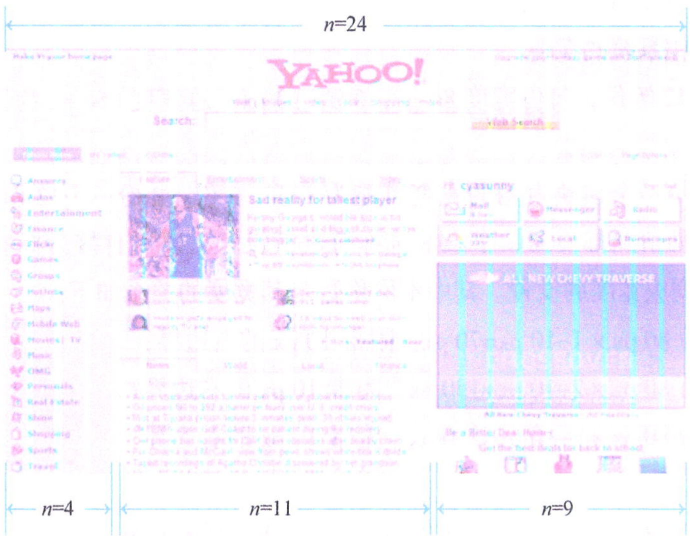

图 1-20-4　24 等份栅格网页

2. 网页栅格系统的设计

如图 1-20-5 所示，假设将网页宽度平均分为 n 份，每份网格宽度为 w，则网页总宽度为 $w \times n$。考虑到每个网页模块之间应保留一定的间距 i，如果一个模块占用 3 份网格，其实际宽度为 $3w-i$。而水平排列的最后一个模块不用保留间距 i，所以网页的实际总宽度应该为：

$$Width=w \times n-i$$

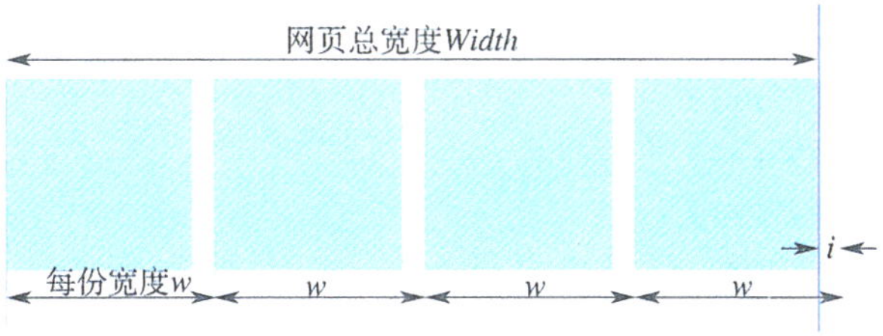

网页总宽度 Width

每份宽度 w　w　w　w　i

图 1-20-5　网页栅格宽度

根据上面的公式，假设网页分为 12 等份，每份宽度 80 px，间距 10 px，则总宽度为 950 px。这是网页栅格化中比较常用的划分方式，12 等份的网格可以使网页平均放入 2 个模块（6∶6），或是 3 个模块（4∶4∶4），或是 4 个模块（3∶3∶3∶3），或是 6 个模块（2∶2∶2∶2∶2∶2），使布局灵活多样。

如果需要更加细致的布局，也可以分为 24 等份，每份宽度 40 px，间距 10 px，总宽度为 950 px。在实际应用中，不一定要局限于这两种划分方式，也可自行尝试其他的

划分，如 10 等份、16 等份等。

3. 网页栅格系统的实现

以网页分 12 等份，每份宽度 80 px，间距 10 px，总宽度 950 px 为例，设置网页的 CSS 样式。

由于网页中一个模块占用的宽度可能为 1 份、2 份、3 份……12 份，一共 12 种情况，需要将每种情况都使用一个 CSS 选择符进行设置，以后直接为标签添加对应份数的选择符即可完成宽度的设置。其中不同份数与其宽度的关系如下：

1 份宽度为 80 px × 1−10 px=70 px，附带 10 px 的右边界；

2 份宽度为 80 px × 2−10 px=150 px，附带 10 px 的右边界；

3 份宽度为 80 px × 3−10 px=230 px，附带 10 px 的右边界；

……

11 份宽度为 80 px × 11−10 px=870 px，附带 10 px 的右边界；

12 份宽度为 80 px × 12−10 px=950 px，无右边界。

使用 CSS 设置为：

```
[class*="grid"]{/*为.grid开头的样式名统一添加样式*/
    float:left;
    margin:0 10px 10px 0;/*右边界和下边界*/
}
.grid1{width:70px;}
.grid2{width:150px;}
.grid3{width:230px;}
.grid4{width:310px;}
.grid5{width:390px;}
.grid6{width:470px;}
.grid7{width:550px;}
.grid8{width:630px;}
.grid9{width:710px;}
.grid10{width:790px;}
.grid11{width:870px;}
.grid12{width:950px;margin-right:0;}/*不需要边界*/
.grid_last{margin-right:0;}/*消除一行最后一个的边界*/
.clear{clear:both;}/*清除样式的float浮动属性对后续标签的影响*/
/*关于标签的其他设置在此省略，如背景、高度等*/
```

选择符“.grid1”至“.grid12”设置了 12 种情况下所使用的宽度，“[class*="grid"]”选择符为添加了“.grid*n*”的标签再添加上 10 px 的右边界和其他相同的样式设置。

由于一行中最后一个模块不需要添加右边界，所以设置“.grid_last”选择符用于消除右边界，最后一个模块的 class 应写为“class="grid*n* grid_last"”。

将上述 CSS 设置应用到实际网页布局中：

```
<div class="main"><!-- 网页主体，宽 950px-->
    <!-- 第一行 -->
    <div class="grid2">2</div>
    <div class="grid2">2</div>
    <div class="grid2">2</div>
    <div class="grid2">2</div>
    <div class="grid2">2</div>
    <div class="grid2 grid_last">2</div>
    <!-- 第二行 -->
    <div class="grid3">3</div>
    <div class="grid4">4</div>
    <div class="grid5 grid_last">5</div>
    <!-- 第三行 -->
    <div class="grid4">4</div>
    <div class="grid8 grid_last">8</div>
        <!-- 清除浮动 -->
    <div class="clear"></div>
</div>
```

显示效果如图 1–20–6 所示。

图 1–20–6　固定宽度网页栅格测试效果

4. 网页栅格系统的另一种设置（自动适应不同的页面宽度）

在上一内容的设置中，栅格系统只能适用于固定的网页宽度，如果网页总宽度变更，需要重新计算和设置每份网格的宽度。此外，要制作自动适应浏览器宽度的网页，这种设置方法也将不适用。

此时可以使用百分比（%）为单位设置宽度，但间距如果为固定值时，将无法计算出不同宽度下每份网格的比例。现在需要对网格的设置进行一些调整，如图 1–20–7 所示。

使用百分比（%）设置网格的宽度，如果分为 12 等份，*n* 份网格的宽度设置如下：

1 份宽度 =1/12=8.333 33%；

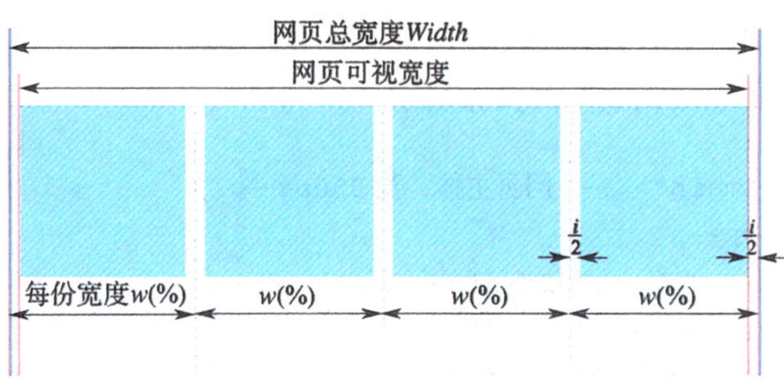

● 图 1-20-7　自适应网页栅格

2 份宽度 =2/12=16.666 67%；

3 份宽度 =3/12=25%；

……

11 份宽度 =11/12=91.666 67%；

12 份宽度 =12/12=100%。

将标签设置为“怪异盒模型”，使用填充代替边界产生各份的间距，这样间距的宽度将不会对各份的实际宽度造成影响。填充设置为左填充和右填充，宽度为间距宽度的一半。

网页的总宽度等同于浏览器的宽度，或等同于栅格化标签的父标签宽度。由于网页两侧会留有填充产生的间距，所以网页内容可视的宽度为“*Width–i*”。

CSS 的设置如下：

```
[class*="grid_"]{/* 为 .grid_ 为前缀的样式统一添加样式 */
    box-sizing:border-box;/* 怪异盒模型 */
    padding:0 5px 10px 5px;/* 间距为 5+5=10*/
    float:left;
}
.grid_s1{width:8.33333%;}
    .grid_s2{width:16.66667%;}
    .grid_s3{width:25%;}
    .grid_s4{width:31.213333%;}
    .grid_s5{width:41.66667%;}
    .grid_s6{width:50%;}
    .grid_s7{width:58.33333%;}
    .grid_s8{width:66.66667%;}
    .grid_s9{width:75%;}
    .grid_s10{width:81.213333333%;}
    .grid_s11{width:91.66667%;}
    .grid_s12{width:100%;}
```

HTML 的设置如下：

```
<div class="main"><!-- 网页主体，宽任意 -->
    <!-- 第一行 -->
    <div class="grid_s3">3</div>
    <div class="grid_s3">3</div>
    <div class="grid_s3">3</div>
    <div class="grid_s3">3</div>
    <!-- 第二行 -->
    <div class="grid_s5">5</div>
    <div class="grid_s7">7</div>
    <!-- 第三行 -->
    <div class="grid_s1">1</div>
    <div class="grid_s1">1</div>
    <div class="grid_s6">6</div>
    <div class="grid_s4">4</div>
    <div class="clear"></div>
</div>
```

显示效果如图 1-20-8 所示。

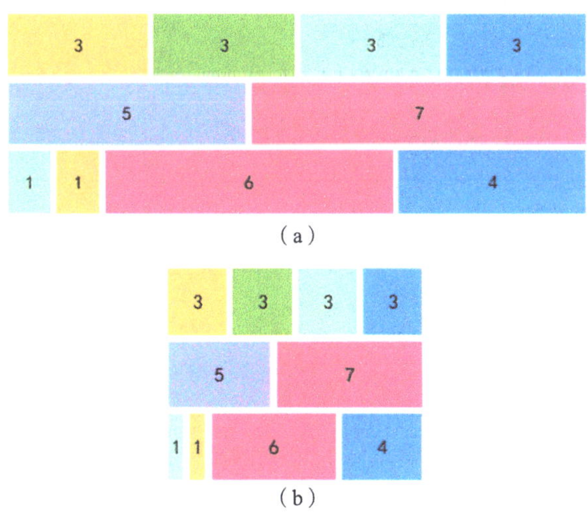

● 图 1-20-8　自适应栅格实现效果（任意宽度下都适用）

任务实施

设计一种响应式栅格布局，除了能够实现栅格化布局功能外，还能结合媒体查询功能，在不同的浏览器宽度下，自动调整布局结构，如网页在手机中一行只显示 1 个模块

的内容，在平板中自动调整为一行显示 3 个模块，在计算机中则一行显示 4 个模块。

下面将“知识与技能准备”中第 4 个知识点的 CSS 设置结合媒体查询功能进一步改进，并将该部分的 CSS 设置单独写在一个独立的 CSS 文件中（如 grid.css），以后可直接应用到其他网页设置中。

使用媒体查询功能设计出 3 种浏览器宽度下所使用的设置：手机（宽度≤767 px）、平板（768 px≤宽度≤1 023 px）、计算机（宽度≥1 024 px）。网页都添加相同的栅格系统设置，但是选择符的命名有所区别，分别是“.grid_s*n*”“.grid_m*n*”“.grid_L*n*”。

网页中模块标签将同时添加这三种选择符，如“class='grid_s12 grid_m6 grid_L3'”，由于不同宽度下只有一种选择符会生效，所以标签在不同宽度下将使用不同的布局比例。

创建一个 grid.css 样式：

```
[class*="grid_"]{/* 栅格化标签的通用设置 */
    box-sizing:border-box;
    padding:0 5px 10px 5px;
    float:left;
    background-clip:content-box;/* 填充部分不显示背景，该句可不设置 */
}
/* 手机附加的样式，页面宽度 <=767*/
@media all and (max-width:767px){
    .grid_s1{width:8.33333%;}
    .grid_s2{width:16.66667%;}
    ......①
    .grid_s12{width:100%;}
}
/* 平板附加的样式，768<= 页面宽度 <=1023*/
@media all and (min-width:768px) and (max-width:1023px){
    .grid_m1{width:8.33333%;}
    .grid_m2{width:16.66667%;}
    ......②
    .grid_m12{width:100%;}
}
/* 计算机附加的样式，页面宽度 >=1024*/
@media all and(min-width:1024px){
    .grid_L1{width:8.33333%;}
    .grid_L2{width:16.66667%;}
    ......③
    .grid_L12{width:100%;}
}
```

①②③ 其余与上一内容相同的设置此处省略。

效果测试：

```
<div class="main"><!-- 网页主体，宽度任意 -->
    <div class="grid_s6 grid_m4 grid_L3"></div>
    <div class="grid_s6 grid_m4 grid_L3"></div>
    <div class="grid_s12 grid_m4 grid_L3"></div>
    <div class="grid_s6 grid_m4 grid_L3"></div>
    <div class="grid_s6 grid_m4 grid_L6"></div>
    <div class="grid_s12 grid_m4 grid_L6"></div>
    <div class="clear"></div>
</div>
```

显示效果如图 1-20-9 所示。

图 1-20-9　栅格系统测试效果

完成后可以运用制作的栅格化设置文件（grid.css），制作如图 1-20-10 ~ 图 1-20-12 所示效果的相册页面进行测试。要求：

（1）不同设备下图片部分的排版有所不同，手机、平板中图片部分的总宽度等同于浏览器的宽度，计算机中图片部分总宽度为 1 000 px。

（2）头部部分宽度始终等同于浏览器宽度，可不使用栅格化布局，但手机中文字排布位置有所不同。

● 图 1-20-10 栅格系统测试手机端

● 图 1-20-11 栅格系统测试平板端

● 图 1-20-12 栅格系统测试计算机端

任务拓展

网页布局是网页实现的框架，对整个网页视觉效果起到非常关键的作用。浮动布局（也称 DIV+CSS 布局）技术是网站布局使用范围最广的布局技术，利用浮动布局技术可以实现大部分浏览器的兼容，达到相对最优的布局效果。从 W3C 组织在 2009 年发布第一个伸缩盒子草案至今，已更新过多次，其提供的全新的布局伸缩盒子，因专为布局和响应式而设计，给网页布局带来了新的思路，对响应式布局更是福音。扫描右侧二维码了解相关知识。

任务 21　重布局页面实现响应式效果

任务目标

1. 能进一步完善栅格化系统的功能，增加栅格布局的留白区域和栅格模块的隐藏功能。
2. 能将栅格化系统实际运用到网页制作的布局中。

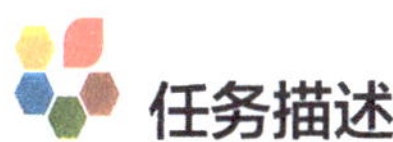

任务描述

使用任务 20 中制作的响应式栅格系统（文件 grid.css），对 D 清单网页进行响应式改造，使页面在平板端、计算机端都能正常显示，并根据浏览器的宽度自动调整页面部分内容的排版，效果如图 1-21-1 所示。

图 1-21-1　平板端和计算机端效果图（部分）

任务分析

在学习以下知识技能的基础上，完成对页面的响应式改造。

1. 栅格布局的留白区域设置。
2. 栅格模块的隐藏功能设置。

部分计算机端页面排版布局如图 1-21-2 所示。

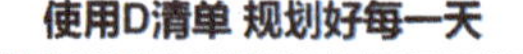

● 图 1-21-2　变更为左右或左中右布局的计算机端页面效果

知识与技能准备

1. 为网页栅格系统添加留白区域

在网页布局中，并不是任何网页都会将页面的空间填满，有时候由于网页设计的需要会预留一些不放置内容的区域。在上一任务设置的栅格布局中，每个模块都会从左向右排列将空间填满，现在需要进一步改良设置。

由于标签的填充已用于设置模块间的间距，所以使用左边界，以每份网格为单位，为模块标签的左侧隔开留白的空间，如图 1-21-3 所示。

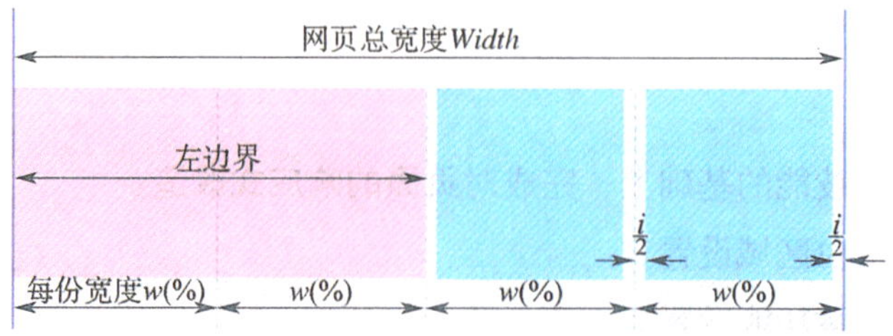

● 图 1-21-3　留白栅格原理图

左边界的长度同样还是以百分比（%）为单位，设置为一份网格的整倍数，有 1 份、2 份……11 份共 11 种情况。和上一任务中栅格系统设置方法类似，为不同的情况都设置一个独立的选择符。

为栅格系统的 CSS 文件补充下面的设置：

```
/* 追加留白的设置 */
.ml_s1{margin-left:8.33333%;}
.ml_s2{margin-left:16.66667%;}
.ml_s3{margin-left:25%;}
.ml_s4{margin-left:31.213333%;}
.ml_s5{margin-left:41.66667%;}
.ml_s6{margin-left:50%;}
.ml_s7{margin-left:58.33333%;}
.ml_s8{margin-left:66.66667%;}
.ml_s9{margin-left:75%;}
.ml_s10{margin-left:81.213333333%;}
.ml_s11{margin-left:91.66667%;}
```

为模块标签添加“grid_”设置宽度的同时，添加“ml_”附加上左边界产生左侧留白效果。

HTML 标签代码如下：

```
<div class="main"><!-- 网页主体 -->
    <div class="grid_s10 ml_s2"></div><!-- 留白 2 个网格 -->
    <div class="grid_s3"></div>
    <div class="grid_s3 ml_s1"></div><!-- 留白 1 个网格 -->
    <div class="grid_s3 ml_s1"></div><!-- 留白 1 个网格 -->
    <div class="clear"></div>
</div>
```

显示效果如图 1–21–4 所示。

图 1–21–4　有留白的栅格显示效果

响应式栅格系统中要添加留白效果，需要为每种设备的媒体查询分别添加上述的 CSS 设置，并通过选择符的名称来区分，做法与上一任务中响应式栅格系统设置方法类似。

CSS 代码如下：

```
/* 手机附加的样式，页面宽度 <=767*/
@media all and(max-width:767px){
    /* 追加留白的设置 */
    .ml_s1{margin-left:8.33333%;}
    .ml_s2{margin-left:16.66667%;}
    ……①
}
/* 平板附加的样式，768<= 页面宽度 <=1023*/
@media all and(min-width:768px)and(max-width:1023px){
    /* 追加留白的设置 */
    .ml_m1{margin-left:8.33333%;}
    .ml_m2{margin-left:16.66667%;}
    ……②
}
/* 计算机附加的样式，页面宽度 >=1024*/
@media all and (min-width:1024px){
    /* 追加留白的设置 */
    .ml_L1{margin-left:8.33333%;}
    .ml_L2{margin-left:16.66667%;}
    ……③
}
```

如果因为布局需要添加右侧留白边界的，可以使用相同的方法添加对应的选择符，此处不再重复讲解。

2. 在特定设备宽度下隐藏部分的栅格模块

部分网页的内容比较多，在手机或平板下页面无法显示过多的内容，可能需要隐藏部分次要的模块，以节省空间。前面栅格系统的设置中，设定了 1 ~ 12 份网格占用的空间，现在追加一个“0 份”空间，设置为“display:none;”，添加了该选择符的标签便会被隐藏。

CSS 代码如下：

```
@media all and (max-width:767px){
    /* 追加设置 */
```

①②③ 其余与上述内容相同的设置此处省略。

```
    .grid_s0{display:none;}
}
@media all and (min-width:768px) and (max-width:1023px){
    /* 追加设置 */
    .grid_m0{display:none;}
}
@media all and (min-width:1024px){
    /* 追加设置 */
    .grid_L0{display:none;}
}
```

任务实施

使用上一个任务中制作的响应式栅格系统（文件 grid.css），进一步完善 D 清单网页。使页面在平板、计算机中都能正常显示，并根据浏览器的宽度自动调整页面部分内容的排版。

由于排版方式有所变化，部分内容的 HTML 标签代码需要进行一些修改。

1. “首页”模块①

“首页”模块实现的效果如图 1-21-5 所示。

达成更多，用心生活。

与全球千万用户一起，在D清单中记录和规划大小事务。

用更少的时间达成目标，从冗杂的待办事项中解脱出来。

100%免费-下载应用

图 1-21-5 “首页”模块的效果图

（1）布局修改

引入栅格系统样式表，对 index.html 修改如下：

```
<head>
    <link rel="stylesheet" href="css/grid.css"/>
</head>
```

① 该模块实际为单击菜单栏“首页”按钮后跳转到的页面开头部分，并非通常意义的完整首页页面内容。

增加网页内容区的最大宽度，但背景还是按 100%，对 grid.css 修改如下：

```
.row{
    max-width:1280px;
    margin:auto;
}
```

对 index.html 修改如下：

```
<article class='home center'>
    <section class="row">
        <h1>达成更多，用心生活。</h1>
    ......①
    </section>
</article>
```

（2）内容格式优化

由于该部分与手机端其实是一致的，在计算机端和平板端，由于视口宽度的增加，可以对其字体大小、留白等进行适当修改。对 index.css 修改如下：

```
/* 响应式广告区设定：平板和计算机附加的样式，页面宽度大于等于 768*/
@media all and (min-width:768px){
    .home{
        padding:4.0625rem 0;
    }
    .home h1{
        font-size:4.0625rem;
    }
    .home p{
        line-height:2.5rem;
    }
}
```

2. “功能介绍”模块

“功能介绍”特征模块实现的效果如图 1–21–6 所示。

在该内容模块中，可以对其进行栅格化布局，其中标题和副标题可以是 12 栅格，不需要修改。

图片和文本区域，平板端可以按照 5 : 7 进行布局，计算机端可以按照 4 : 8 进行布局。对 index.html 修改如下：

---

① 此处与第二阶段最终代码相同，无修改，略去。

图 1-21-6　“功能介绍”模块效果图

```
<article class="about center">
    <section class="row">
        ……①
    </section>
    <section class="row">
        <section class="grid_m5 grid_l4">
            <img src="img/gn1.png" alt=" 功能界面 "/>
        </section>
        <section class="left grid_m7 grid_l8">
            ……②
        </section>
    </section>
    <div class="clear"></div>
    <!-- 由于栅格做了浮动设置，这里要增加浮动清除 -->
</article>
```

此内容的 CSS 样式不需要修改。

3. “下载应用”模块

“下载应用”模块实现的效果如图 1–21–7 所示。

与上一模块类似，其中标题和副标题可以是 12 栅格，不需要修改。

图片和文本区域，平板端和计算机端都可以按照 4 : 4 : 4 进行布局。对 index.html 修改如下：

①② 此处与第二阶段最终代码相同，无修改，略去。

● 图 1-21-7 “下载应用”模块效果图

```
<!-- 下载应用 -->
<article class='apply center white'>
    <section class="row">
        <h1> 下载应用 </h1>
        ......①
    </section>
    <section class="row">
        <section class="grid_l4 grid_m4">
            <h3> 网页 </h3>
            ......②
        </section>
        ......③
    </section>
    <div class="clear"></div>
</article>
```

此内容的 CSS 样式不需要修改。

4.“高级会员”模块

该表格在布局时已经是 12 列栅格的布局，与“关于”部分类似，只需要增加最大宽度样式即可，这里操作省略。

5.“帮助中心”模块

“帮助中心”模块实现的效果如图 1-21-8 所示。

---

①②③ 此处与第二阶段最终代码相同，无修改，略去。

● 图 1-21-8 “帮助中心”模块效果图

该部分与“下载应用”模块类似，为 4：4：4 布局，最大宽度方面分别对标题、3 组文本和视频添加 row 样式，具体代码可以参考“下载应用”模块内容进行设置，这里省略。

6.“联系我们”模块

“联系我们”模块实现的效果如图 1-21-9 所示。

● 图 1-21-9 “联系我们”模块效果图

该模块为左右结构，与特征模块类似，在平板端为 6：6 布局。为了右边的表单短一些，在计算机端可以采用 8：4 的比例进行布局。对 index.html 修改如下：

```
<!-- 联系我们 -->
<article class='contact'>
    <section class="row">
        <section class="grid_l8 grid_m6">
            <h3> 联系我们 </h3>
            ......①
        </section>
        <section class="grid_l4 grid_m6">
            <h3> 给我留言 </h3>
            ......②
```

①② 此处与第二阶段最终代码相同，无修改，略去。

```
            </section>
        </section>
        <div class="clear"></div>
    </article>
```

此内容的 CSS 样式不需要修改。

7. 测试

完成所有布局后，需要对响应式效果进行测试。以火狐浏览器为例，可以依次单击“设置”菜单中的“WEB 开发者”→“响应式设计模式”，打开响应式设计模式视图，也可以单击右键，在快捷菜单中选择“检查元素”，或按快捷键 F12，打开调试窗口，再单击“响应式设计模式”按钮，打开响应式设计模式视图，如图 1-21-10 所示。

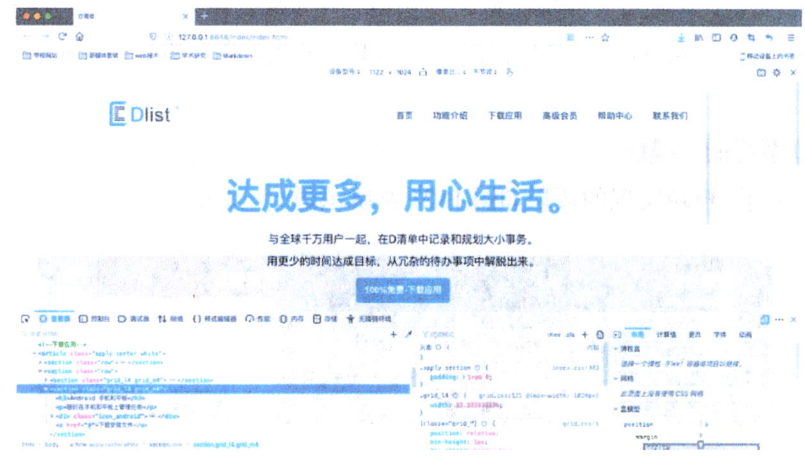

● 图 1-21-10　响应式设计模式视图

选择设备类型为手机时，会发现在前面使用了栅格布局的都会出现元素偏移的情况，如图 1-21-11 所示。

● 图 1-21-11　手机端网页元素偏移

经过检查发现，那是因为前面对所有的栅格元素都设定了浮动样式，而这个浮动是没有限定端口的，在手机端，使用了这些栅格样式的网页元素就会发生浮动位移。为此，只需要在写这些端口时同时增加“.grid_s12”即可。

任务拓展

部分栅格布局的子模块由于文字数量不相等，会在特定页面宽度下出子模块高度不一致的情况，导致排版错位。如何处理这一问题？扫描右侧二维码了解相关知识。

任务 22　对页面进行无障碍改造

任务目标

1. 能够在学习的 Web 内容无障碍指南（WCAG）知识和可访问的互联网应用（ARIA）基础上，对网页进行无障碍改造。

2. 能够根据可访问的互联网应用（ARIA）提示的网页辅助浏览方法，对网页进行无障碍测试。

任务描述

本次任务要求学习 Web 内容无障碍指南（WCAG）知识，对页面进行无障碍改造并测试。

任务分析

在学习以下知识技能的基础上，**对页面进行无障碍改造，并对改造后的页面进行测试**。

1. WCAG 2.0/2.1 知识。

2. 可访问的互联网应用（ARIA）及其最佳实践方法。

3. 模拟残障人士进行无障碍页面浏览测试的方法。

知识与技能准备

1. WCAG

WCAG 2.1 定义了如何使残障人士更容易访问 Web 内容，包括视觉、听觉、身体、认知、语言、学习和神经障碍等多个方面的帮助。这些准则还使年龄较大的人更容易使用 Web 内容。

WCAG 2.1 是通过 W3C 流程与世界各地的个人和组织合作开发的，目的是为 Web 内容可访问性提供共享的标准，以满足国际上个人、组织和政府的需求。WCAG 2.1 建立在 WCAG 2.0（WCAG20）的基础上，而 WCAG 2.0（WCAG20）又建立在 WCAG 1.0（WAI-WEBCONTENT）的基础上，旨在广泛应用于不同的 Web 技术，并且可以结合自动化测试和人工测试评价。有关 WCAG 的介绍，可参阅《Web 内容可访问性指南（WCAG）》，可以在“https://www.w3.org/TR/WCAG21/”浏览原文。

在了解 WCAG 的同时，还可查阅《网站设计无障碍技术要求》（YD/T 1761）和《网站设计无障碍评级测试方法》（YD/T 1822），这两个文件是中国通信标准化协会组织制定的技术标准文件。

2. ARIA

ARIA 是 Accessible Rich Internet Applications（无障碍富互联网应用）的缩写。它是 W3C 的 Web 无障碍推进组织在 2014 年发布的可访问富互联网应用实现指南，是一个为残疾人士等提供无障碍访问动态、可交互 Web 内容的技术规范，是对 Web 内容无障碍指南（WCAG）的有效补充，是具体的技术指标。

ARIA 提供了语义，因此作者可以将用户界面行为和结构信息传达给辅助技术设备（如屏幕阅读器）。ARIA 规范提供了定义可访问用户界面元素的角色、状态和属性的本体。

（1）ARIA 使用方法

应用于 HTML 的 ARIA 包括“role”（角色）和带“aria-”前缀的属性。

role 标识了一个元素的作用，带“aria-”前缀的属性描述了与之有关的事物特征及其状态。

（2）ARIA 的角色定义“role”

表 1-22-1 列出了 HTML 元素中常用的 ARIA 角色。

表 1-22-1　　**role 角色定义**

role 属性值	含义	role 属性值	含义
alert	表示警告	presentation	表示称述
dialog	表示警告弹出框	progressbar	表示进度条
application	表示应用	radio	表示单选
button	表示按钮	radiogroup	表示单选组
checkbox	表示复选框	region	表示区域
combobox	表示下拉列表框	row	表示行
grid	表示网格	separator	表示分隔
gridcell	表示网格单元	slider	表示滑动条
group	表示组合并	spinbutton	表示微调
heading	表示应用程序标题头	tab	表示标签
listbox	表示列表框	tablist	表示标签列表
log	表示日志记录	tabpanel	表示标签面板
menu	表示菜单	timer	表示计数
menubar	表示菜单栏	toolbar	表示工具栏
menuitem	表示菜单项	tooltip	表示提示文本
menuitemcheckbox	表示可复选的菜单项	tree	表示树形
menuitemradio	表示只能单选的菜单项	treeitem	表示树结构选项
option	表示选项		

在使用时，只需在 HTML 代码中加入 role 即可定义 HTML 的角色，形式如下：

```
<!-- 定义一个弹出框 -->
<div class="modal" role="dialog">
    <h1> 弹出框标题 </h1>
    <p> 弹出框的内容 </p>
</div>
```

表 1-22-2 列出了常用标签元素对应的 ARIA 的角色。当然，并不是所有的 HTML 元素都具有对应的 ARIA 的角色。

表 1-22-2　　**HTML 元素在 ARIA 中的角色**

HTML 元素	ARIA（role=）	HTML 元素	ARIA（role=）
a	link	img	img
a	memuitem	li	listitem

续表

HTML 元素	ARIA（role=）	HTML 元素	ARIA（role=）
article	article	ul	list
aside	complementary	main	main
body	document	nav	navigation
button	button	table	tabel
footer	contentinfo	tbody/thead	rowgroup
form	form	td	cell
h1 ~ h6	hending	th	columnheader
header	banner	tr	row

在不同的情况下，HTML 的 ARIA 角色也是不一样的，如 <a> 标签不带 href 属性时，就不具有 link 角色；当 <a> 标签父元素是一个菜单时，其角色为 menuitem。又如 input 表单标签，其角色取决于其 type 属性，type 属性设置为 checkbox，则角色为 checkbox；其父元素是一个菜单时，则为 menuitemcheckbox；属性为 button、image、reset、submit，角色为 button；属性为 text，角色为 textbox。

（3）ARIA 的属性和状态 "aria–"

ARIA 的属性见表 1–22–3。

表 1-22-3　　ARIA 的属性

属性名	属性值及说明
aria–activedescendant	字符串。标识复合窗口小部件的当前活动后代。aria–activedescendant 属性定义了当工具栏获取焦点时，哪一个子控件获取焦点
aria–atomic	字符串。指示辅助技术将根据 aria 相关属性定义的更改通知显示更改后的区域的全部还是部分。值可以为 true 和 false。当值为 true 时，表示辅助设备需要把整个区域内容都通报给使用者；当值为 false 时，则表示只需要通报修改的部分
aria–autocomplete	字符串。指示是否提供用户输入完成建议。可选值有 inline、list、both、none
aria–busy	字符串。指示当前是否正在更新元素及其子树。默认为 false，表示清除 busy 状态；可选为 true，表示该区域正在加载；或为 error，表示该区域验证无效
aria–checked	字符串。指示复选框，单选按钮和其他小部件的当前"已选中"状态
aria–controls	字符串。标识其内容或存在由当前元素控制的一个或多个元素
aria–describedby	字符串。标识描述对象的一个或多个元素

限于篇幅，需要了解更多 ARIA 的属性值，可通过“https://www.w3.org/TR/2014/REC-wai-aria-20140320/states_and_properties”页面查看。

在使用时，只需根据需求在 HTML 代码中加入“aria-”属性即可。

示例 1：

```
<div role="toolbar" tabindex="0" aria-activedescendant="button1">
   <img src="btncut.png" id="button1" role="button" alt="cut"/>
   <img src="btncopy.png" id="button2" role="button" alt="copy"/>
   <img src="btnpaste.png" id="button3" role="button" alt="paste"/>
</div>
```

在示例 1 中，工具栏的第一个控件（ID 为 button1）是能够获取焦点的控件。

示例 2：

```
<div class="progress-bar" role="progressbar" aria-valuenow="60"
aria-valuemin="0" aria-valuemax="100"></div>
```

在示例 2 中，“aria-”用在 progressbar 组件上，对应 HTML5 中的 min。

ARIA 状态值见表 1-22-4。

表 1-22-4　　ARIA 状态值

属性状态	属性值及说明
aria-checked	字符串。表示检查的状态。true 表示元素被选择；false 表示元素未被选择；mixed 表示元素同时有选择和未选择状态
aria-disabled	字符串。表示禁用状态。true 表示当前是非激活状态；false 表示清除非激活状态
aria-expanded	字符串。表示展开状态。默认为 undefined，表示当前展开状态未知。其他可选值：true 表示元素是展开的；false 表示元素不是展开的
aria-hidden	字符串。可选值为 true 和 false，true 表示元素隐藏（不可见），false 表示元素可见
aria-invalid	字符串。表示元素值是否错误。默认为 false，表示无错误；如果为 true，则表示元素值验证不通过
aria-pressed	字符串。表示按下的状态，可选值有 true、false、mixed、undfined。默认为 undfined，表示按下状态未知；true 表示按钮按下；false 表示按钮抬起；mixed 表示同时有按钮按下和没有按下的状态
aria-selected	字符串。表示选择状态。可选值有 true、false、undefined。默认为 undefined，表示元素选择状态未知。true 表示元素已被选中；false 表示元素未被选中

注意：为了跨浏览器兼容，总是使用 WAI-ARIA 属性解析来访问和修改 ARIA 属性，如 object.setAttribute ("aria-valuenow", newValue)。

示例 3：

```
<div role="button" tabindex="0" aria-pressed="false" aria-
disabled="false"></div>
```

在示例 3 中，表示按钮已经按下，同时处于禁用状态。

3. 开发最佳实践

开发一个可访问的 Web 应用不仅需要工具和浏览器的支持，还需要开发人员遵循一定的规范提供对应的元素信息，才能达到最终的目的。下面着重介绍一些开发中的最佳实践。

（1）image

图片或者动画均需提供 alt 信息，以便读屏软件可以将图片动画的内容清楚地读出来。对于某些用于装饰性的图片，则需设置 alt 为空，使得读屏软件可以忽略此元素。对于放在链接里面的图片，如果已经有文字的说明，alt 也应设置为空，这样可以避免读屏软件重复同样的内容。

CSS 将样式跟结构分离，使得 HTML 代码结构清晰。但很多装饰性的图片也都放在 CSS 里面来加载，这些在 CSS 里面的图片在高对比度模式下都无法显示。如果这个图片并不仅仅是装饰性的，还可以触发功能，那就需要从 CSS 里面拿出来，当成一个独立的 img 或者 input 元素。

（2）table

table 分为两类：一类是布局用的 table，一类是数据 table。对于布局用的 table，读屏软件没必要知道这是一个表，可以通过设置 role=presentation 使读屏软件忽略这个表，只关注里面的内容。对于数据表格，则需要设置 caption 属性，说明整个表是用来做什么的，使得读屏软件可以告诉用户这个表的作用。对于每一个单元内的数据，还应该通过 th 属性使得读屏软件能识别这个数据的表头是什么。对于复杂表，可以通过 id 和 header 属性来标识，如图 1-22-1 所示。

Class	Teacher	# of Boys	# of Girls
1st Grade	Mr. Henry	5	4
	Mrs. Smith	7	9
2nd Grade	Mr. Jones	3	9
	Mrs. Smith	4	3
	Mrs. Kelly	6	9

图 1-22-1　班级表

以第一行的数字 5 为例，视力正常的人可以很容易地看出 5 指的是一年级 Mr. Henry 老师这个班的男生有 5 个，但当读屏软件面对这个数字 5 的时候，怎么能识别出来呢？

这里的方法是通过 header 来标识表头，header 的值指向对应表头的 id。对应的 HTML 代码如下：

```
<tr>
    <th id="class">Class</th>
    <th id="teacher">Teacher</th>
    <th id="boys">#of Boys</th>
    <th id="girls">#of Girls</th>
</tr>
<tr>
    <th id="1stgrade" rowspan="2">1st Grade</th>
    <th id="MrHenry" headers="1stgrade teacher">Mr.Henry</th>
    <td headers="1stgrade MrHenry boys">5</td>
    <td headers="1stgrade MrHenry girls">4</td>
</tr>
<tr>
    <th id="MrsSmith" headers="1stgrade teacher">Mrs.Smith</th>
    <td headers="1stgrade MrsSmith boys">7</td>
    <td headers="1stgrade MrsSmith girls">9</td>
</tr>
<tr>
    <th id="2ndgrade" rowspan="3">2nd Grade</th>
    <th id="MrJones" headers="2ndgrade teacher">Mr.Jones</th>
    <td headers="2ndgrade MrJones boys">3</td>
    <td headers="2ndgrade MrJones girls">9</td>
</tr>
<tr>
    <th id="MrsSmith" headers="2ndgrade teacher">Mrs.Smith</th>
    <td headers="2ndgrade MrsSmith boys">4</td>
    <td headers="2ndgrade MrsSmith girls">3</td>
</tr>
<tr>
    <th id="MrsKelly" headers="2ndgrade teacher">Mrs.Kelly</th>
    <td headers="2ndgrade MrsKelly boys">6</td>
    <td headers="2ndgrade MrsKelly girls">9</td>
</tr>
```

（3）form

form 元素需要关联一个 label 元素，所有的 button 都已经有了一个隐含的 label，所以不再需要显示关联。对于 input、select、checkbox、radio、button，则都需要显示一个 label 元素。这样读屏软件在面对这个表单元素的时候才能告诉用户这个表单的作用。例如下面例子中的 input，读屏软件会告诉用户这是一个需要输入名字的输入框。

当 label 属性不方便使用的时候，还可以通过 title 属性达到相同的效果，也可以满足 Webking 检查的需要。下面的两种写法都可以，但前提是 name 不需要被显示出来。当 title 和 label 都设置的时候，title 会被读屏软件忽略。

```
<label for="name1">Name:</label>
<input name="name" id="name1" size="30"/>
```

或

```
<input name="name" id="name1" size="30" title="name">
```

当一个表单元素前后都需要描述的时候，label 就显得力不从心了。ARIA 规范的出现解决了这一问题。aria-labelledby 属性可以设置多个值，说明这个表单元素是被哪些值所描述的，aria-describedby 属性则更详细地扩展了这个描述，如图 1-22-2 所示。

Refresh after 10 minutes

● 图 1-22-2　aria-describedby 属性应用

当读屏软件把焦点放在 10 上时，会告诉用户此处表示每 10 分钟刷新一次。对应的 HTML 代码如下。aria-required 的属性标识这个元素是必须的，读屏软件识别此元素并告知用户必须输入此元素。可以看到中间的 input 元素被多个元素来描述（aria-labelledby 中的几个 id 值），这样读屏软件就能够识别这个标签，按照这个标签的顺序读出前后的 label，并且提示用户如果还有更详细的描述时，如何获取这个更详细的描述。当用户需要时，aria-describedby 所对应的元素信息就会被读出来，增强了视力有障碍人士与普通人了解内容的一致性。

```
<div>
    <span id="labelRefresh">
        <label for="refreshTime">Refresh after</label>
    </span>
    <input id="refreshTime" type="text" aria-describedby=
"refreshDescriptor" aria-labelledby="labelRefresh refreshTime
refreshUnit" value="10"/>
    <span id="refreshUnit"> minutes</span>
</div>
<div id="refreshDescriptor">Allows you to specify the number
of minutes of refresh time.</div>
```

（4）关于 tabindex 与获取焦点的顺序

我们知道，使用 Tab 键可以按文档顺序切换到所有可以获取焦点的元素。tabindex

属性的使用可以使得原本无法取得焦点的元素获取焦点，目的是使用户可以用键盘访问任何可以用鼠标访问的元素。tabindex 可以设置为 -1、0 或者是任何自然数。

tabindex=0 使得原本无法获取焦点的元素可以在用户按 tab 键时获取焦点，并且按照文档顺序排列。

tabindex=-1 使得元素可以获取焦点，但当用户用 Tab 键访问时并不出现在 tab 的列表里面。可以方便地通过 JavaScript 设置上下左右键的响应事件，非常有利于应用小部件（widget）内部的键盘访问。

tabindex 设置为大于 0 的数字，则可以控制用户用 tab 键访问时的顺序，一般很少用。

当用户使用 Tab 键浏览页面时，元素获取焦点的顺序是按照 HTML 代码里面元素出现的顺序排列的，有时跟实际看到的页面顺序并不一致。例如，图 1-22-3 所示的页面：

welcome page　　　　　search all go to edit

● 图 1-22-3　tab 焦点获取测试页面

按照页面顺序，切换的顺序为自左向右，可实际操作时却发现“search all”出现在了“go to edit”的前面。对应的 HTML 代码如下：

```
<!-- 页面获取 focus 的顺序 -->
<div>
    <span style="float:left;">welcome page</span>
    <span style="float:right;margin-left:6em;">search all</span>
    <span style="float:right;">go to edit</span>
</div>
```

这是因为虽然通过“float:right”达到了布局上的效果，但实际文档顺序确实是“search all”在前面的。所以为了不引起混淆，最后能保持代码的顺序与实际呈现出来的页面上的顺序一致，可以修改上面的代码如下：

```
<!-- 页面获取 focus 的顺序  调整后 -->
<div>
    <span style="float:left;">welcome page</span>
    <span style="float:right;width:15em;">
        <span style="float:left;">go to edit</span>
        <span style="float:right;">search all</span>
    </span>
</div>
```

（5）label

使用 ARIA 前：

```
<h2 class="offscreen">System Folders</h2>
<ul role="listbox">
    <li role="option">Inbox</li>
    <li role="option">Drafts</li>
</ul>
<h2>Personal Folders</h2>
<ul role="listbox">
    <li role="option">Folder 1</li>
    <li role="option">Folder 2</li>
</ul>
```

使用 ARIA 后：

```
<ul role="listbox" aria-label="System Folders">
    <li role="option">Inbox</li>
    <li role="option">Drafts</li>
</ul>
<h2 id="folders">Personal Folders</h2>
<ul role="listbox" aria-labelledby="folders">
    <li role="option">Folder 1</li>
    <li role="option">Folder 2</li>
</ul>
```

（6）alert dialog

```
<div role="alertdialog" aria-labelledby="hd" aria-describedby="msg">
    <div id="hd">Confirm Close</div>
    <p id="msg">Your message has not been sent. Do you want to save
it in your Drafts folder?</p>
    <div>
        <button>Save to Drafts</button>
        <button>Don't Save</button>
        <button>Keep Writing</button>
    </div>
</div>
```

（7）headings

```
<p class="heading1" role="heading" aria-level="1">Heading 1</p>
<p class="heading2" role="heading" aria-level="2">Heading 2</p>
<p class="heading3" role="heading" aria-level="3">Heading 3</p>
```

（8）list/listitem

```
<div role="list">
    <div role="listitem">...</div>
    <div role="listitem">...</div>
    <div role="listitem">...</div>
</div>
```

（9）button

```
<span tabindex="0" role="button" class="...">Button</span>
```

（10）toggle button

```
<span tabindex="0" role="button" aria-pressed="false"
class="...">Option</span>
<span tabindex="0" role="button" aria-pressed="true"
class="... pressed">Option</span>
```

（11）checkbox

```
<span tabindex="0" role="checkbox" aria-checked="false"
class="...">Option</span>
<span tabindex="0" class="... checked" role="checkbox" aria-
checked="true">Option</span>
```

（12）radio

```
<span tabindex="-1" role="radio" aria-checked="false"
class="...">Yes</span>
<span tabindex="0" role="radio" aria-checked="true" class="...
selected">No</span>
<span tabindex="-1" role="radio" aria-checked="false"
class="...">Maybe</span>
```

（13）link

```
<span tabindex="0" role="link"
onclick="document.location(...)">link</span>
```

4. 信息无障碍网页的测试

信息无障碍网页的测试主要是模拟相关人群去测试页面。相关人群使用的无障碍辅助技术（硬件或软件）主要是:

（1）依靠用户代理提供的服务来检索和呈现 Web 内容。

（2）通过使用 API 与用户代理或 Web 内容本身协同工作。

（3）提供超出用户代理提供的服务，以方便用户与残疾人的网页内容交互。

该定义可能与其他文档中使用的定义不同，如：

（1）屏幕放大镜，用于放大和提高渲染文本和图像的视觉可读性。

（2）屏幕阅读器，常用于通过合成语音或可刷新盲文显示来传达信息。

（3）语音合成软件，用于将文本转换为合成语音。

（4）语音识别软件，用于允许口语控制和口授。

（5）用于模拟键盘的备用输入技术（包括头指针、屏幕键盘、单开关和 sip/puff 设备）。

（6）备用指点设备，用于模拟鼠标指向和点击。

目前国内很多地方政府已经将无障碍页面设计作为政府官方网站设计的要求，应用到实际当中，例如，访问广东省人民政府门户网站（http://www.gd.gov.cn/）即可体验无障碍辅助浏览功能。

任务实施

1. 为页面添加无障碍信息

（1）角色说明

按钮是使用 <a> 标签制作的，应该对其角色进行说明。

```
<a class="btn btn-default btn-lg" href="#" role="button">实训场地
</a>
```

（2）图片描述

对装饰性图片，要使 img 的 alt 属性为空，对非装饰性图片，需使用 alt 属性对图片进行说明。

（3）表单

在项目中，因为我们按照标准的 <input> 标签及属性来制作表单和按钮，所以可以不添加 role 角色。

在制作表单时一定要添加 <label> 标签，如果没有为每个输入控件设置 <label> 标签，屏幕阅读器将无法正确识别。对于这些内联表单，可以通过为 label 设置 .sr-only 类将其隐藏。还有一些辅助技术提供 <label> 标签的替代方案，如 aria-label、aria-labelledby 或 title 属性。如果这些都不存在，屏幕阅读器可能会使用 placeholder 属性；如果存在，则使用占位符来替代其他标记，但要注意，这种方法是不妥当的。

所以，需要为表单添加 title：

```
<form>
    <div>
        <input type="email" placeholder="Email" title="邮箱">
    </div>
    <div>
        <textarea rows="3" placeholder="留言内容" title="留言内容">
</textarea>
    </div>
    <div>
        <button type="submit" title="提交按钮">提交内容</button>
    </div>
</form>
```

由于页面制作遵循了 HTML5 标准，很少使用非语义化标签来设置相关内容，且页面交互相对简单，所以需要修改的并不多。

2. 无障碍页面测试

请自行在计算机中安装 VoiceOver（苹果产品）、NVDA（微软产品）等软件或使用移动设备进行页面测试。

任务拓展

通过 https://www.w3.org/WAI/ 可以浏览更多网页无障碍倡议具体内容，Web 内容无障碍指南（WCAG）2.1 工作草案已在 2018 年 6 月更新。对应辅助工具，可以了解工具辅助功能指南（ATAG）2.0，以方便对网页进行更好的测试。

任务 23　测试及兼容性设置

任务目标

1. 能描述各个浏览器对 HTML5 及 CSS3 的兼容情况。

2. 能根据浏览器兼容性情况使用 CSS3 前缀解决兼容性问题。

3. 能够使用 W3C 提供的验证工具对自己做的网页进行验证，并能根据验证结果修改不符合 W3C 规范的代码。

任务描述

完善上一任务的 D 清单网页，让该网页的兼容性更强，并验证该网页是否符合 W3C 标准。

任务分析

在学习以下知识技能的基础上，完成 **CSS3 前缀的添加，并进行 W3C 认证测试**。

1. 常见的浏览器对 CSS3 和 HTML5 的兼容性。
2. CSS3 前缀的添加。
3. W3C 认证测试。

知识与技能准备

1. 五大浏览器对 CSS3 和 HTML5 的兼容性比较

目前，支持 CSS3 和 HTML5 的浏览器变得越来越多，包括最新版的 Microsoft Edge 浏览器。但是，由于 CSS3 和 HTML5 的 W3C 规范在不断地完善，浏览器的兼容性也在不断地更新。

目前 IE、Firefox、Opera、Chrome、Safari 五大主流浏览器对 HTML5 和 CSS3 各种特性都有比较好的支持，HTML5 正在成为开发的主流。

2. CSS3 前缀

浏览器一般都能兼容 CSS3，但它还未成为真正的标准。为此，为保证正确识别，需要针对不同浏览器提供相应的前缀。现在主流的浏览器内核主要有：

（1）Trident 内核，主要代表为 IE。

（2）Gecko 内核，主要代表为 Firefox。

（3）Presto 内核，主要代表为 Opera。

（4）Webkit 内核，主要代表为 Chrome 和 Safari。

针对这些不同内核的浏览器，CSS3 部分属性需要添加不同的前缀（见表 1-23-1），也将其称为浏览器的私有前缀。添加上私有前缀之后的 CSS3 属性可以说是对应浏览器的私有属性。

表 1-23-1　　CSS3 前缀

浏览器	内核	前缀
IE	Trident	–ms
Firefox	Gecko	–moz
Opera	Presto	–o
Chrome、Safari	Webkit	–webkit

例如，为了兼容各个浏览器，一个圆角的 border–radius 参数需要按以下形式编写：

```
<style>
.box{
    -moz-border-radius:6px;
    -webkit-border-radius:6px;
    -o-border-radius:6px;
    border-radius:6px;
}
</style>
```

但这样编写代码，无形之中给前端人员增加了不少工作量，那么如何在编写 CSS 时不需要添加浏览器的私有前缀，又能让浏览器识别呢？

引用一个 prefixfree 脚本即可解决这个问题，具体操作上，只需要在 .html 文件中插入一个 prefixfree.js 文件即可，建议将这个脚本文件放在样式表之后。

添加这个脚本之后，使用 CSS3 的属性时，只需书写标准样式即可。如上面的圆角 border–radius 参数，只需要按以下形式编写即可：

```
<style>
    .box{
border-radius:6px;
}
</style>
<script src="prefixfree.min.js" type="text/javascript">
</script>
<!-- 引入 prefixfree 脚本 -->
```

需要注意的是，只有不低于以下版本的浏览器才能应用 prefixfree 脚本：IE 9、Opera 10、Firefox 3.5、Safari 4。

对于开发人员来说，使用这个方法也是需要调试的。一旦客户端禁用了 JavaScirpt，它的功能就会失效。另外对于客户体验也有一定影响。

【课堂练习 1-23-1　制作如图 1-23-1 效果的图像】

● 图 1-23-1　图像

HTML 标签代码如下：

```
<div></div>
```

CSS 标签代码如下：

```
div{width:200px;
    height:100px;
    background:#80A060;
background-image:linear-gradient(transparent,rgba(10,0,0,.3));
/* 线性渐变 */
border-radius:50%;
box-shadow:1em 2em 4em -2em black;  /* 阴影 */
transform:rotate(15deg);
}
```

js 代码如下：

```
<script src="prefixfree.min.js" type="text/javascript">
</script>
```

3. W3C 验证

在建设网站时，应该保证代码符合 W3C 规范。那么，如何验证我们编写的代码符合 W3C 标准呢？

W3C 本身已经提供了验证服务，可以为互联网用户检查 HTML 文件是否符合 HTML 或 XHTML 标准，并且向网页设计师提供快速检查网页错误的方法。

W3C HTML 验证地址：http://validator.w3.org

W3C CSS 验证地址：http://jigsaw.w3.org/css-validator

【课堂练习 1-23-2　验证课堂练习 1-23-1 是否符合 W3C 标准】

（1）将课堂练习 1-23-1 的代码上传到 http://validator.w3.org，如果出现以下语句，则说明该网页的 HTML 代码已经通过验证。

Document checking completed. No errors or warnings to show.

（2）将课堂练习 1–23–1 的代码上传到 http://jigsaw.w3.org/css–validator，如果出现如图 1–23–2 所示界面，则说明该网页的 CSS 代码也已经通过验证。

W3C CSS 校验器结果： first.html (CSS 版本 3)

恭喜恭喜

恭喜恭喜，此文档已经通过 CSS 版本 3 校验!

为了告诉你的访客你曾致力于建立交互性的网页 你可以显示这个图标在任意经过检验的网页上。这里是 你用作加入图标到你的网页上的HTML代码：

```
<p>
    <a href="http://jigsaw.w3.org/css-validator/check/referer">
        <img style="border:0;width:88px;height:31px"
            src="http://jigsaw.w3.org/css-validator/images/vcss"
            alt="Valid CSS!" />
    </a>
</p>
```

```
<p>
<a href="http://jigsaw.w3.org/css-validator/check/referer">
    <img style="border:0;width:88px;height:31px"
        src="http://jigsaw.w3.org/css-validator/images/vcss-blue"
        alt="Valid CSS!" />
    </a>
</p>
```

● 图 1–23–2　CSS 验证通过界面

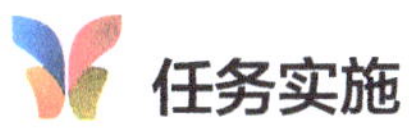

任务实施

（1）下载并引用 prefixfree 脚本，让网页兼容性更强。在样式表之后添加 prefixfree.js 文件。

```
<script src="prefixfree.min.js" type="text/javascript">
</script>
<!-- 引入 prefixfree 脚本 -->
```

（2）将自己所写的 D 清单网页上传到 http://jigsaw.w3.org/css–validator 和 http://validator.w3.org，验证网页是否符合 W3C 标准。

任务拓展

除了前面所讲的 prefixfree 脚本之外，还有其他方法可以解决 CSS3 属性前缀问题。扫描右侧二维码了解相关知识。

项目二
使用 Bootstrap 开源框架快速搭建响应式网页

项目目标

Bootstrap 是一种可以高效完成页面制作的前端开源工具，虽然它会在一定程度上限制网页设计的实现，但其移动优先的响应式设计框架可以大幅提高制作效率，为设计者节省大量的时间。

本项目通过使用 Bootstrap 开源框架完成 D 清单网页的宣传单页的制作来学习 Bootstrap 前端开源框架。

项目情境

本项目情境与项目一基本相同，仍是为 D 清单应用制作产品介绍网页，唯一的区别是，对完成时间提出了明确要求，需要在一天内制作完成并上线。由于时间紧迫，公司要求使用 Bootstrap 等免费的前端开源框架辅助开发。

项目分析

我们退回到起点。拿到设计稿后，需要根据网页制作的一般流程，完成网页的制作。项目开发的基本流程与项目一是一致的。在本次项目中，唯一不同的是使用 Bootstrap 作为网页开发的技术，以达到快速开发的目的。

与前面的开发不同的是，HTML 标签（网页内容）和 CSS 样式设置是同步进行的。其实在实际的开发中，两种开发流程各有优劣，可以实际需求选用。

为避免知识的重复讲解，需求分析、选用并配置开发环境在本项目中不再重复，可参照项目一完成。这里直接从了解并使用 Bootstrap 开始，逐步完成网页单页的制作。项目完成计划的甘特图见表 2-0-1。

表 2-0-1　　　　D 清单前端开发甘特图

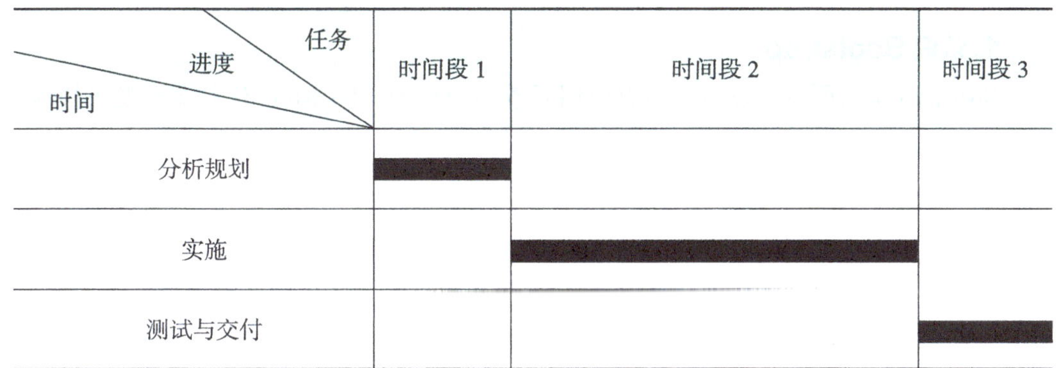

任务 / 进度 / 时间	时间段 1	时间段 2	时间段 3
分析规划			
实施			
测试与交付			

任务 1　配置 Bootstrap 开发环境

任务目标

1. 能够在学习 Bootstrap 帮助文档的基础上，**下载 Bootstrap 文件并配置 Bootstrap 开发环境**。

2. 能够编写基本的 Bootstrap 模板页面，为实际开发做准备。

任务描述

本次任务通过了解 Bootstrap，学习 Bootstrap 的文档和模板知识，下载并配置用于生产环境的 Bootstrap，并编写 Bootstrap 模板，为后续的开发做准备。

任务分析

在学习以下知识技能的基础上，**下载并配置好用于生产环境的 Bootstrap 文件，编写 Bootstrap 模板并进行测试**。

1. Bootstrap 的由来和作用。

2. Bootstrap 的文档结构和模板。

知识与技能准备

Bootstrap 是一款强大的开源前端开发工具包，具有强大的自定义功能。Bootstrap 一经推出即大受欢迎，国内也有不少网站开始使用 Bootstrap 进行开发。

1. 认识 Bootstrap

Bootstrap 是为所有开发者、所有应用场景而设计的。Bootstrap 让前端开发更快速、简单。所有开发者都能快速上手，所有设备都可以适配，所有项目都适用。

Bootstrap 包括如下特点：

（1）预处理脚本

虽然可以直接使用 Bootstrap 提供的 CSS 样式表，但是 Bootstrap 的源码是基于最流行的 CSS 预处理脚本 Less（Less 是一门预处理语言，支持变量、mixin、函数等额外功能，本书不涉及此知识）和 Sass 开发的。开发者可以采用预编译的 CSS 文件快速开发，也可以从源码定制自己需要的样式。

（2）一个框架、多种设备

通过 Bootstrap 已经写好的 CSS 媒体查询（Media Query）样式，所有的网站和应用都能在 Bootstrap 的帮助下通过同一份代码快速、有效地适配手机、平板、计算机。

（3）特性齐全

Bootstrap 提供了全面、美观的文档。开发者可以找到关于 HTML 元素、HTML 和 CSS 组件、jQuery 插件方面的所有详细英文文档（网址为 http://getbootstrap.com）。

此外，还可以查阅非官方的 Bootstrap 中文网（http://www.bootcss.com）的中文版帮助文档来详细了解相关内容。

2. Bootstrap 文件

Bootstrap 提供了多种方式帮助开发者快速上手，每一种方式针对具有不同技能等级的开发者和不同的使用场景。本项目主要涉及用于生产环境的 Bootstrap。

用于生产环境的 Bootstrap 是编译好并压缩后的 CSS、JavaScript 和字体文件，不包含文档和源码文件。

下载 Bootstrap 文件压缩包之后，将其解压缩后查看 bootstrap 文件夹，即可看到以下目录结构：

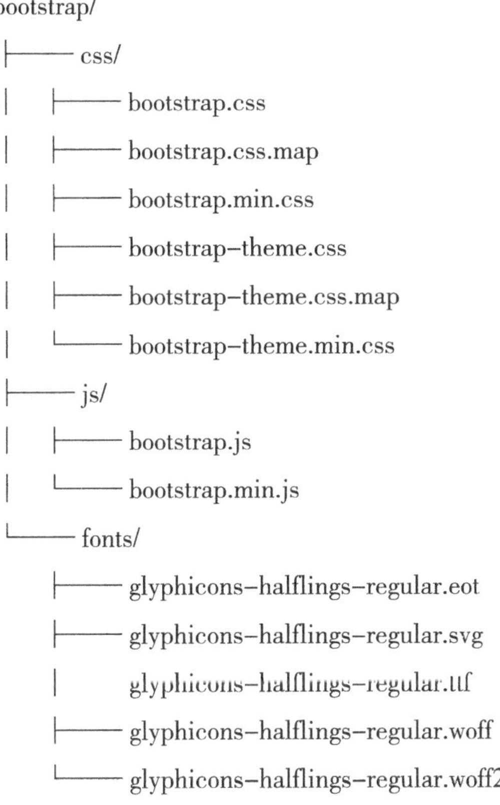

```
bootstrap/
├── css/
│   ├── bootstrap.css
│   ├── bootstrap.css.map
│   ├── bootstrap.min.css
│   ├── bootstrap-theme.css
│   ├── bootstrap-theme.css.map
│   └── bootstrap-theme.min.css
├── js/
│   ├── bootstrap.js
│   └── bootstrap.min.js
└── fonts/
    ├── glyphicons-halflings-regular.eot
    ├── glyphicons-halflings-regular.svg
    │   glyphicons-halflings-regular.ttf
    ├── glyphicons-halflings-regular.woff
    └── glyphicons-halflings-regular.woff2
```

上面展示的就是 Bootstrap 用于生产环境的基本文件结构，预编译文件可以直接使用到任何 Web 项目中。

生产环境的 Bootstrap 提供了编译好的 CSS 和 JS（bootstrap.*）文件、经过压缩的 CSS 和 JS（bootstrap.min.*）文件、CSS 源码映射表（bootstrap.*.map）以及来自 Glyphicons 的图标字体。

【课堂练习 2-1-1　下载用于生产环境的 Bootstrap】

这里以通过对中文开发者来说更为方便的 Bootstrap 中文网为例，说明具体下载步骤。

打开 Bootstrap 中文网，单击页面相应按钮进入 Bootstrap3 中文文档页面，单击“下载 Bootstrap”按钮，跳转到下载页面，如图 2-1-1 所示。

单击“用于生产环境的 Bootstrap”下方的“下载 Bootstrap”按钮，在弹出的对话框中，选择“保存文件”，并通过“浏览”按钮选择保存路径，如图 2-1-2 所示。单击“确定”按钮，开始 Bootstrap 文件的下载。

● 图 2–1–1　Bootstrap 下载页面

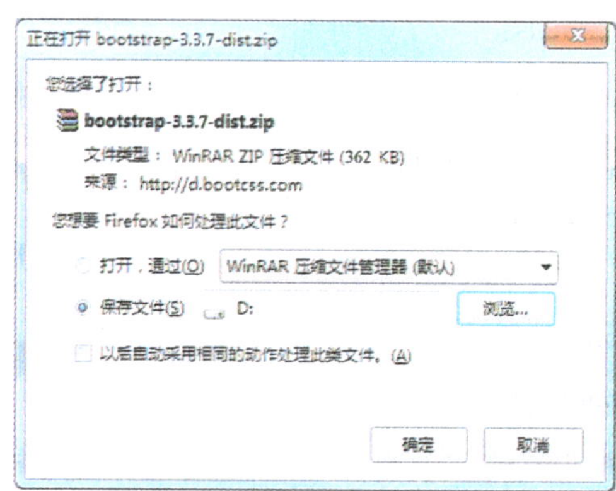

● 图 2–1–2　打开文件对话框

将下载的“bootstrap–3.3.7–dist.zip”文件解压，在解压的“dist”文件夹下有 css、js、fonts 文件夹，在文件夹中即可看到前面提到的目录结构中的文件。

3. Bootstrap 模板

Bootstrap 模板是指使用 Bootstrap 框架的通用页面，其中有基础的 HTML 代码，并在此基础上关联好了 Bootstrap 的 CSS、JavaScript 文件。

任务实施

本次任务主要是完成开发工作环境的部署，由于项目一中已经学习了开发环境的开发工具部署，所以这里只介绍如何部署 Bootstrap。

1. 下载 Bootstrap 文件

参照课堂练习 2–1–1 下载 Bootstrap 文件。

2. 创建首页，并引用 Bootstrap 文件

（1）新建一个文件夹，命名为“web_bootstrap”，将下载并解压好的“dist”文件夹下的 3 个文件夹（包括 css、fonts、js 中的所有文件）复制到此。

（2）用 Visual Studio Code 软件打开上面创建的文件夹，并在文件夹根目录新建一个

网页，命名为“index.html”。

（3）在页面中输入如下代码，完成一个基本的 HTML5 网页的编写。

```
<!DOCTYPE html>
<html lang="zh-CN">
    <head>
<meta charset="utf-8">
        <meta name="viewport" content="width=device-width,initial-
scale=1">
        <title>D 清单 </title>
    </head>
    <body>
    </body>
</html>
```

（4）在页面中添加 IE 兼容性设置。

1）在 <head> 部分加入 <meta> 标签。

```
<meta http-equiv="X-UA-Compatible" content="IE=edge">
    <!-- 设置 IE（主要针对 IE 8）使用最新的内核进行渲染而非使用兼容模式 -->
```

2）下载 html5shiv.min.js 和 respond.min.js 文件，存放到 js 文件夹，并在 <head> 部分加入这两个文件。

```
<!--[if lt IE 9]>
    <script src="js/html5shiv.min.js"></script>
    <script src="js/respond.min.js"></script>
        <![endif]-->
<!--html5 shiv.min.js 和 respond.min.js 文件用于解决 IE 9 及以下浏览器对
HTML5 标签和媒体查询的支持，此语句是 IE 专用的语法，其他浏览器会把其作为注释进行
忽略 -->
```

这两个文件也可以从网络上直接引用，Bootstrap 中文网 CDN 服务提供了文件地址供开发者选用，使开发者能比较容易地获取最新的文件更新，同时也可以减少本地服务器的压力。网络引用的代码如下：

```
<script
src="http://cdn.bootcss.com/html5shiv/3.7.2/html5shiv.min.js"></script>
<script
src="http://cdn.bootcss.com/respond.js/1.4.2/respond.min.js"></script>
```

（5）在页面中引入 Bootstrap 的 CSS 文件和 JS 文件。

1）在 <head> 部分加入 Bootstrap 的 CSS 文件。

```
<link href="css/bootstrap.min.css" rel="stylesheet">
```

2）下载 jquery.js 文件，并放入 js 文件夹，在 <body> 底部加入 jQuery 和 Bootstrap 的 JS 文件。

```
<script src="js/jquery.min.js"></script>
<script src="js/bootstrap.min.js"></script>
```

需要注意的是，由于 bootstrap.js 文件依赖于 jquery.js 文件，所有以上的引入顺序不能改变。

由于 jQuery 文件也是共享的常用文件，所有开发者也可以使用 Bootstrap 中文网 CDN 服务的文件地址进行引入（引用地址也可作为本地引用的文件下载地址）：

```
<script src="
http://cdn.bootcss.com/jquery/1.11.1/jquery.min.js"></script>
```

（6）至此，Bootstrap 的首页创建完成。这个首页可以用于后继开发，也通用于使用 Bootstrap 框架进行开发的任何页面，所以，这个首页也是一个 Bootstrap 的模板页面。

任务拓展

除了用于生产环境的 Bootstrap，Bootstrap 还提供了 Bootstrap 源码和 Sass 项目。

Bootstrap 源码包括 Less、JavaScript 和字体文件的源码，并且带有文档。使用时需要 Less 编译器并做一些设置工作。

Sass 项目是 Bootstrap 从 Less 到 Sass 的源码移植项目，用于快速地在 Rails、Compass 或只针对 Sass 的项目中引入。

扫描右侧二维码了解 Bootstrap、Less 和 Sass 的补充知识。

任务 2　使用 Bootstrap 栅格系统快速布局页面

任务目标

1. 能够使用 Bootstrap 的栅格系统完成页面的流式布局。
2. 能够根据网页元素选择合适的栅格系统样式以响应不同视口。
3. 能够使用 Bootstrap 对页面进行响应式页面布局。

任务描述

本次任务通过学习 Bootstrap 的栅格系统知识和流式布局知识，完成页面的整体布局。完成后的页面测试效果如图 2-2-1 所示。

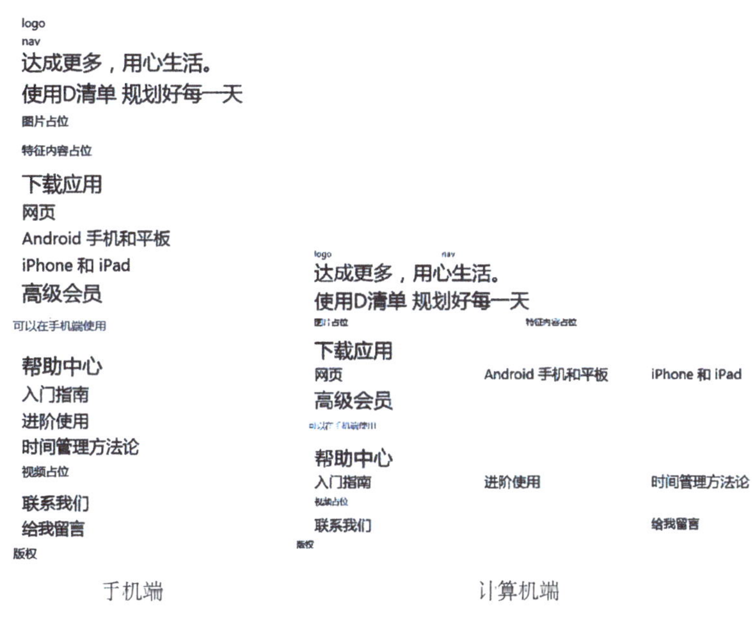

● 图 2-2-1　完成后的页面测试效果

任务分析

在学习以下知识技能的基础上，完成**页面布局框架代码的编写，并对布局结果进行测试**。

1. Bootstrap 的栅格系统。

2. Bootstrap 的布局容器、行和列。

知识与技能准备

Bootstrap 提供了一套响应式、移动设备优先的流式栅格系统，随着屏幕或视口（viewport）尺寸的增加，系统会自动分为最多 12 列，即 Bootstrap 将页面的每一行划分为 12 列的方式进行页面布局。

1. 栅格系统

Bootstrap 的栅格参数见表 2-2-1。

表 2-2-1　　Bootstrap 的栅格参数

	超小屏幕，如手机（<768 px）	小屏幕，如平板（≥768 px）	中等屏幕，如桌面视口（≥992 px）	大屏幕，如大桌面视口（≥1 200 px）
栅格系统行为	总是水平排列	默认堆叠在一起，当大于这些阈值时将变为水平排列		
.container 最大宽度	None（自动）	750 px	970 px	1 170 px
类前缀	.col-xs-	.col-sm-	.col-md-	.col-lg-
列（column）数	12			
最大列宽	自动	62 px	81 px	97 px
槽（gutter）宽	30 px（每列左右均有 15 px）			
可嵌套	是			
偏移（Offsets）	是			
列排序	是			

以 .col-lg- 类为例，Bootstrap 对其栅格进行了如下定义：

```
@media(min-width:1200px){
    .col-lg-12,.col-lg-11,.col-lg-10,.col-lg-9,.col-lg-8,.col-lg-7,
.col-lg-6,.col-lg-5,.col-lg-4,.col-lg-3,.col-lg-2,.col-lg-1{
        position:relative;
        min-height:1px;
        padding-right:15px;/* 定义栅格之间的间隔 */
        padding-left:15px;/* 定义栅格之间的间隔 */
        float:left;
    }
    .col-lg-12{width:100%;}
    .col-lg-11{width:91.66666667%;}
    .col-lg-10{width:83.33333333%;}
    .col-lg-9{width:75%;}
    .col-lg-8{width:66.66666667%;}
    .col-lg-7{width:58.33333333%;}
    .col-lg-6{width:50%;}
    .col-lg-5{width:41.66666667%;}
    .col-lg-4{width:33.33333333%;}
    .col-lg-3{width:25%;}
    .col-lg-2{width:16.66666667%;}
    .col-lg-1{width:8.33333333%;}
}
```

2. 布局容器

Bootstrap 为了保证栅格布局的正常应用，需要使用布局容器（添加 .container 或 .container-fluid 类的标签）来完成页面布局。其中 .container 类是用于固定宽度（各视口最大宽度可参考表 2-2-1）并支持响应式布局的容器。.container-fluid 类是用于 100% 的宽度，可占据全部视口的容器。由于 padding 等 CSS 属性的原因，.container 和 .container-fluid 类的标签不能互相嵌套。

Bootstrap 中对 .container-fluid 和 .container 类的属性设置如下：

```
.container-fluid{
   padding-right:15px;
   padding-left:15px;
   margin-right:auto;
   margin-left:auto;
}
.container{
   padding-right:15px;
   padding-left:15px;
   margin-right:auto;
   margin-left:auto;
}
@media(min-width:768px){
   .container{
      width:750px;
   }
}
@media(min-width:992px){
   .container{
      width:970px;
   }
}
@media(min-width:1200px){
   .container{
      width:1170px;
   }
}
```

3. row

Bootstrap 为栅格添加了一个独立的类 .row，以适用于先创建行（row）再在行中创建列（.col-xs-* 等 Bootstrap 栅格类预定的列）的布局，同时通过为 .row 元素设置负值 margin，来抵消了布局容器（.container-fluid 和 .container 类）设置的左右两边

padding，也就间接保留了“行（row）”所包含的“列（column）”（栅格类 .col-xs-*、.col-sm-*、.col-md-*、.col-lg-*）设置的 padding 值（左右各 15 px），.row 类在 Bootstrap 的定义如下：

```
.row{
    margin-right:-15px;
    margin-left:-15px;
}
```

“行（row）”必须包含在 .container（固定宽度）或 .container-fluid（100% 宽度）中，以便为其赋予合适的排列（aligment）和内补（padding），通常通过“行（row）”在水平方向创建一组“列（column）”，然后将内容放置于“列（column，栅格类 .col-xs-*、.col-sm-*、.col-md-*、.col-lg-*）”内，并且只有“列（column）”可以作为“行（row）”的直接子元素。

例如，要在一个 100% 宽度的容器内创建一个左右结构的布局，可以在 <body> 便签内输入如下代码：

```
<div class="container-fluid">
    <div class="row">
    <div class="col-md-6">左边，宽度占 50%（视口分辨率大于 992px 时）
</div>
    <div class="col-md-6">右边，宽度占 50%（视口分辨率大于 992px 时）
</div>
    </div>
</div>
```

【课堂练习 2-2-1　创建一个响应式的栅格页面】

打开素材文件夹中的 web_bootstrap 文件夹，在已经配置好 Bootstrap 的 index.html 页面编写一个布局框架页面，要求如下：

（1）采用 100% 宽度的容器。

（2）在“行（row）”中创建一个大桌面视口下是 4 列、桌面视口下是 2 列、平板中是 2 列的布局框架。

课堂练习的部分代码可参考如下示例：

```
<div class="container-fluid">
    <div class="row">
        <div class="col-lg-3 col-md-6 col-sm-6">1</div>
        <div class="col-lg-3 col-md-6 col-sm-6">2</div>
        <div class="col-lg-3 col-md-6 col-sm-6">3</div>
```

```
        <div class="col-lg-3 col-md-6 col-sm-6">4</div>
    </div>
</div>
```

4. 列偏移

Bootstrap 处理定义了栅格，还为栅格的左留白定义了一套留白栅格，称为列偏移样式。

例如，使用 .col-md-offset-* 类可以将列向右侧偏移。这些类实际是通过使用 * 选择器为当前元素增加了左侧的边距（margin）。例如，Bootstrap 对 .col-md-offset-* 样式做了如下定义：

```
.col-md-offset-12{
    margin-left:100%;
}
.col-md-offset-11{
    margin-left:91.66666667%;
}
.col-md-offset-10{
    margin-left:83.33333333%;
}
    /* 以下省略 */
```

由样式可以知道，如果在桌面视口端使用了 .col-md-offset-4 类的标签元素，元素会向右侧偏移 4 个列（column）的宽度。

【课堂练习 2-2-2　创建一个“居中”的栅格列】

在课堂练习 2-2-1 的基础上，在 row 内的布局框架元素上方增加标题和说明文字，要求如下：

（1）标题在任何显示视口中都是独立的一行显示。

（2）说明文字在大桌面视口、桌面视口占页面的 8 等份，并居中对齐。

课堂练习的部分代码可参考如下示例：

```
<div class="container-fluid">
    <div class="row">
        <h2> 标题 </h2>
        <div class="col-lg-8 col-lg-offset-2 col-md-8 col-md-offset-2>
说明文字 </div>
        <div class="col-lg-3 col-md-6 col-sm-6">1</div>
        <div class="col-lg-3 col-md-6 col-sm-6">2</div>
        <div class="col-lg-3 col-md-6 col-sm-6">3</div>
```

```
            <div class="col-lg-3 col-md-6 col-sm-6">4</div>
        </div>
    </div>
```

任务实施

在本项目任务 1 的基础上，需要完成页面的基本布局框架，以便在任务 3 中加入对应内容。

通过分析效果图片不难发现，除了移动视口，其他视口下左右两边的内容与浏览器都保持着一定的边界（padding），由此可以判断页面布局时应该选用固定宽度容器 .container。

由于 .container 是有左右留白的，针对非白色背景，为了保证有色背景是通栏，需要在其外围添加一个标签来包含它，如功能介绍、下载应用、高级会员、联系我们这几个模块都需要在 .container 的外围添加一个标签。

1. 菜单栏

因为菜单栏部分是左右结构，所以可以在 <body> 标签中编写左右布局代码，参考代码如下：

```
<!-- 导航 -->
<nav class="container">
    <div class="row">
        <div class="col-lg-3 col-md-3 col-sm-4">logo</div>
        <div class="col-lg-9 col-md-9 col-sm-8">nav</div>
    </div>
</nav>
```

2. “首页”模块

“首页”模块为通栏（没有分列），此处先创建首行文字，参考代码如下：

```
<!-- 首页 -->
<article class="container">
<h1> 达成更多，用心生活。</h1>
</article>
```

3. “功能介绍”模块

此模块为“品”字形，标题独占一行，下方为左右结构。在大桌面视口端和桌面视口端采用左右 5 : 7 的结构，平板和手机端为上下结构（占 12 列），默认即占 12 列，故不用编写，只需要编写大桌面视口和桌面视口端两个，参考代码如下：

```
<!-- 功能介绍 -->
<article class="container">
    <div class="row">
        <h1> 使用 D 清单 规划好每一天 </h1>
    </div>
    <div class="row">
        <div class="col-md-5 col-sm-5">
            <p> 图片占位 </p>
        </div>
        <div class="col-md-7 col-sm-7">
            <p> 特征内容占位 </p>
        </div>
    </div>
</article>
```

4. “下载应用” 模块

此模块内容在大桌面视口和桌面视口端也是“品”字结构，上面为“标题 + 段落”，下面是左中右结构的布局，在平板端和手机端不存在左右结构，是垂直排列的“标题 + 段落 + 垂直”的软件特征介绍。参考代码如下：

```
<!-- 下载应用 -->
<article class="container">
    <div class="row">
        <h1> 下载应用 </h1>
        <p> 在所有平台上使用 D 清单管理一切 </p>
    </div>
    <div class="row">
        <div class="col-md-4 col-sm-4">
            <h3> 网页 </h3>
        </div>
        <div class="col-md-4 col-sm-4">
            <h3>Android 手机和平板 </h3>
        </div>
        <div class="col-md-4 col-sm-4">
            <h3>iPhone 和 iPad</h3>
        </div>
    </div>
</article>
```

5.“高级会员”模块

该模块标题部分与上一模块类似，下方是表格。参考代码如下：

```
<!-- 高级会员 -->
<article class="container">
    <div class="row">
        <h1> 高级会员 </h1>
    </div>
    <div class="row">
        <table class="table">
            <caption> 可以在手机端使用 </caption>
        </table>
    </div>
</article>
```

6.“帮助中心”模块

该模块内容为“通栏标题 + 三列内容 + 通栏视频”的结构。参考代码如下：

```
<!-- 帮助中心 -->
<article class="container">
    <div class="row">
        <h1> 帮助中心 </h1>
    </div>
    <div class="row">
        <div class="col-md-4 col-sm-4">
            <h3> 入门指南 </h3>
        </div>
        <div class="col-md-4 col-sm-4">
            <h3> 进阶使用 </h3>
        </div>
        <div class="col-md-4 col-sm-4">
            <h3> 时间管理方法论 </h3>
        </div>
    </div>
        <div class="row">
        <p> 视频占位 </p>
    </div>
</article>
```

7.“联系我们”模块

该模块内容为左右结构，为了让右边的表单靠右，对其左右结构的比例做了调整。这里只提供表单部分的参考代码：

```
<!-- 联系我们 -->
<article class="container">
    <div class="row">
        <div class="col-md-8 col-sm-8">
            <h3>联系我们</h3>
        </div>
        <div class="col-md-4 col-sm-4">
            <h4>给我留言</h4>
        </div>
    </div>
</article>
```

8. “版权”模块

该模块内容为简单的通栏结构，参考代码如下：

```
<!-- 版权 -->
<footer class="container">版权文字占位</footer>
```

9. 测试

在完成上述内容后，还需要对完成的结果进行测试，重点测试在临界值区域各栅格系统的变化。

任务拓展

在网页制作过程中，会出现同行相似元素不等高的现象，为此，Bootstrap 提供了专门的换行解决方案来解决这一问题。Bootstrap 还为列提供了排序样式。扫描右侧二维码了解相关知识。

任务 3　使用 Bootstrap 组件和 JS 插件制作网页导航条

任务目标

1. 了解 Bootstrap 的导航条组件，能够利用 Bootstrap 导航条组件相关内容，完成不同样式导航条的制作。

2. 能够利用 Bootstrap 的 JavaScript 插件，对导航条进行移动化（响应式）改造。

任务描述

本次任务通过学习 Bootstrap 的导航条及相关组件，完成**项目网页的导航条制作**。完成后的导航条如图 2-3-1 所示。

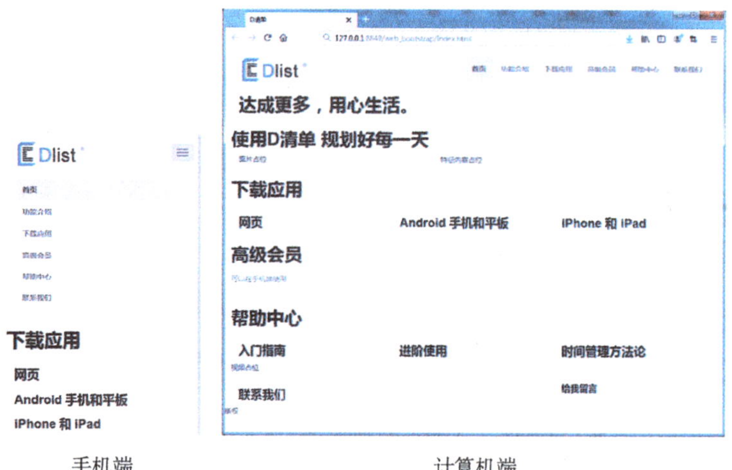

手机端　　　　计算机端

图 2-3-1　完成后的导航条测试效果

任务分析

在学习以下知识技能的基础上，完成**网页导航条的制作**。

1. Bootstrap 的菜单框架、菜单样式、字体图标等知识。
2. Bootstrap 的响应式菜单、下拉菜单等 JavaScript 插件知识。

知识与技能准备

网页的组件是指包括下拉菜单、导航条、警告框、弹出框等在各个网页上常见的一般可以复用的页面元素。

Bootstrap 中的导航组件都共同使用一个已经写好的 nav 类，状态类也是共用的。通过修改 nav 类的样式，就可以得到想要的样式。

1. 导航条的框架样式

导航条框架设计包括创建一个导航条底色和布局容器，Bootstrap 为导航条设置了 .navbar 和 .navbar-default 类预定义样式，可以用来设置导航条的高宽、边框、边距和导航项背景色等格式，.container 布局容器则已经在本项目任务 2 中学习。其基本框架样式如下：

```
.navbar{
    position:relative;
    min-height:50px;
    margin-bottom:20px;
    border:1px solid transparent;
}/* 在平板以上设备增加了 border-radius:4px;*/
.navbar-default{
    background-color:#f8f8f8;
    border-color:#e7e7e7;
}/* 设置导航条底色，反色样式为 .navbar-inverse，也可以自行设置 */
.container-fluid>.navbar-collapse,
.container-fluid>.navbar-header,
.container>.navbar-collapse,
.container>.navbar-header{
    margin-right:-15px;
    margin-left:-15px;
}/* 用于抵消 .container 和 .container-fluid 布局容器设置的两个边距，一般用于导
航条的左右两端 */
```

应用时可以参考如下代码：

```
<nav class="navbar navbar-default">
    <div class="container">
        <div class="navbar-header">头部</div>
    </div>
</nav>
```

完成后的效果如图 2-3-2 所示。

头部

● 图 2-3-2 导航条框架效果

2. 导航条内容优化样式

搭建好框架后，需要在导航条中创建各种内容。

（1）列表导航

使用 <ul> 列表来创建导航条是行业的习惯，为此，Bootstrap 也为使用 <ul> 创建导航条创建了各种样式，主要以 .nav 和 .navbar-bar 类为主，且一般会同时使用，相关样

式如下：

```
.nav{
    padding-left:0;
    margin-bottom:0;
    list-style:none;
}
.nav>li{
    position:relative;
    display:block;
}
.nav>li>a{
    position:relative;
    display:block;
    padding:10px 15px;
}
.nav>li>a:hover,
.nav>li>a:focus{
    text-decoration:none;
    background-color:#eee;
}
.navbar-nav{
    float:left;
    margin:0;
}
.navbar-nav>li{
    float:left;
}
.navbar-nav>li>a{
    padding-top:15px;
    padding-bottom:15px;
}
```

应用时，可以在框架代码的基础上添加，可参考如下代码：

```
<ul class="nav navbar-nav">
    <li><a href="">list1</a></li>
    <li><a href="">list2</a></li>
    <li><a href="">list3</a></li>
</ul>
```

完成后效果如图 2-3-3 所示。

list1　list2　list3

● 图 2-3-3　常规导航条效果

（2）常用格式优化

为了保证导航容器内的相关内容有正确的行距和颜色等格式，Bootstrap 预设了一些常用的样式格式。常用样式格式如下：

```
.navbar-default .navbar-nav>.active>a,
.navbar-default .navbar-nav>.active>a:hover,
.navbar-default .navbar-nav>.active>a:focus{
   color:#555;
   background-color:#e7e7e7;
}/* 用于设置选中的列表 */
.navbar-brand{
   float:left;
   height:50px;
   padding:15px 15px;
   font-size:18px;
   line-height:20px;
}/* 一般用于导航的标题类内容 */
.navbar-text{
   margin-top:15px;
   margin-bottom:15px;
}/* 一般用于导航的非超链接类文本 */
.navbar-left{
   float:left !important;
}/* 组件左排列 */
.navbar-right{
   float:right !important;
   margin-right:-15px;
}/* 组件右排列 */
.navbar-form{
   padding:10px 15px;
   margin-top:8px;
   margin-right:-15px;
   margin-bottom:8px;
   margin-left:-15px;
   border-top:1px solid transparent;
   border-bottom:1px solid transparent;
   box-shadow:inset 0 1px 0 rgba(255,255,255,.1),0 1px 0 rgba
```

```
(255,255,255,.1);
}/* 用于设置导航内的表单组件 */
```

利用上面的格式优化样式，就可以做出比较完美的导航条了。

【课堂练习 2-3-1　使用 Bootstrap 制作导航条】

某网站导航条效果图如图 2-3-4 所示，使用 Bootstrap 导航条组件完成其网页效果的实现。

Olimpia Trucks　Start　Our Trucks　About us　Impressum　Login

● 图 2-3-4　某网站导航条效果图

可参考如下方式实现：

（1）搭建导航框架。

（2）创建列表，并输入相应内容。

（3）利用 Bootstrap 的导航条格式优化样式来设置内容样式。

可参考如下 HTML 代码：

```
<nav class="navbar navbar-default">
   <div class="container-fluid">
      <div class="navbar-header">
         <a class="navbar-brand" href="#">Olimpia Trucks</a>
      </div>
      <ul class="nav navbar-nav">
         <li><a href="">Start</a></li>
         <li><a href="">Our Trucks</a></li>
         <li><a href="">About us</a></li>
         <li><a href="">Impressum</a></li>
      </ul>
      <ul class="nav navbar-nav navbar-right">
         <li><a href="#">Login</a></li>
      </ul>
   </div>
</nav>
```

3. 字体图标或品牌图片

（1）字体图标

Bootstrap 提供了 250 多个 Glyphicons 字体图标，这些字体图标一般是收费的，但是它们的作者允许 Bootstrap 免费使用。部分字体图标样式如图 2-3-5 所示，通过 http://

getbootstrap.com/components 可以查看所有的图标样式。

glyphicon glyphicon-asterisk
glyphicon glyphicon-plus
glyphicon glyphicon-euro
glyphicon glyphicon-eur
glyphicon glyphicon-minus
glyphicon glyphicon-cloud
glyphicon glyphicon-envelope
glyphicon glyphicon-pencil
glyphicon glyphicon-glass
glyphicon glyphicon-music
glyphicon glyphicon-search
glyphicon glyphicon-heart
glyphicon glyphicon-star
glyphicon glyphicon-star-empty
glyphicon glyphicon-user
glyphicon glyphicon-film
glyphicon glyphicon-th-large
glyphicon glyphicon-th
glyphicon glyphicon-th-list
glyphicon glyphicon-ok
glyphicon glyphicon-remove
glyphicon glyphicon-zoom-in
glyphicon glyphicon-zoom-out
glyphicon glyphicon-off

● 图 2-3-5　Bootstrap 提供的字体图标

每一个图标都有一个独立的类，图标类不能和其他组件直接联合使用，它们不能在同一个元素上与其他类共同存在。所以，要使用图标必须创建一个嵌套的 <span> 标签，并将图标类应用到这个 <span> 标签上。

为了有正确的 padding 值，务必在图标和文本之间添加一个空格。

可参考如下代码：

```
<span class="glyphicon glyphicon-search" aria-hidden="true"></span>
```

其中“aria-hidden="true"”为无障碍属性。

（2）品牌图片

将导航条内放置品牌标志的地方（头部）替换为 <img> 元素即可展示自己的品牌图标。由于 .navbar-brand 已经被设置了内补（padding）和高度（height）参数，所以在使用时需要设置自己的 CSS 代码来替换默认的样式。

可参考如下 CSS 样式代码：

```
.navbar-brand{
    padding:5px !important;
}
.navbar-brand>img{
    height:40px;
}
```

【课堂练习 2-3-2　在导航条添加字体图标和品牌图片】

在课堂练习 2-3-1 的基础上，完成如图 2-3-6 所示的效果图，在 Login 前面添加字

体图标，在 Olimpia Trucks 上面添加品牌图片。

● 图 2-3-6　带 LOGO 和图标的导航条

可参考如下方式实现：

1）添加品牌图片

删除原有的文字品牌标志，添加 <img> 标签。

修改 <img> 的格式，让其在导航条上有正确的大小和边距，CSS 代码可参考上面品牌图片内容中涉及的代码。

2）添加字体图标

参考字体图标内容中的 <span> 标签代码，修改相应的样式即可。

可参考如下 HTML 代码：

```
<nav class="navbar navbar-default">
    <div class="container-fluid">
        <div class="navbar-header">
            <a class="navbar-brand" href="#">
            <img alt="Brand" src="img/o_logo.png">
            </a>
        </div>
        <ul class="nav navbar-nav">
            <li><a href="">Start</a></li>
            <li><a href="">Our Trucks</a></li>
            <li><a href="">About us</a></li>
            <li><a href="">Impressum</a></li>
        </ul>
        <ul class="nav navbar-nav navbar-right">
            <li>
            <a href="#"><span class="glyphicon glyphicon-user" aria-
hidden="true"></span>Login</a>
            </li>
        </ul>
    </div>
</nav>
```

4. 为手机端创建菜单图标

将课堂练习 2-3-2 中完成的导航条在手机端（小于 768 px）显示，可以发现导航条全部为垂直排列，如图 2-3-7 所示。

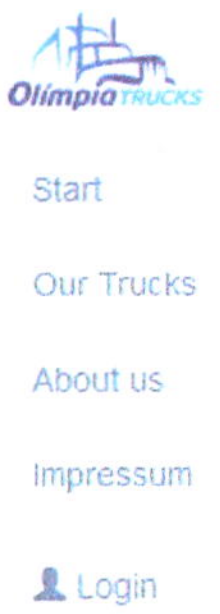

● 图 2-3-7 手机端导航条初始化效果

很明显，这个并不是预期的效果，还需要添加适当的 HTML 代码来得到所需结果。

（1）在 navbar-header 类的 <div> 标签中添加 <button> 按钮，并为其添加 navbar-toggle 和 collapsed 类。

（2）用 <div> 将要隐藏的列表包裹，并为其添加 collapse 和 navbar-collapse 类。

（3）Bootstrap 采用的是通过单击鼠标来显示和隐藏的下拉菜单，所以其依赖于 jquery.js 和 bootstrap.js 文件。为此，需要在 <button> 中添加如下参数：

data-toggle="collapse"：触发事件

data-target="#bs-example-navbar-collapse-1"：触发事件的目标

aria-expanded="false"：用于无障碍设备检查切换动作的扩展属性

data 属性是 Bootstrap 的 API，通过 data 属性即可使用 Bootstrap 中所有的插件，而不用编写 JavaScript 代码，此处应用了 collapse 插件。

aria-expanded 是 W3C WAI-ARIA（无障碍）的一个扩展属性，可查看 W3C 文档了解详情，如果网页不是针对网页无障碍进行设计的，则可省略此属性。

在 navbar-collapse 类的 <div> 标签中添加 id 属性，并对应 data-target 的值：

id="bs-example-navbar-collapse-1"

当然也可以自己定义属性值，只需要与 data-target 的属性对应即可。

【课堂练习 2-3-3　导航条的移动化】

将课堂练习 2-3-2 的导航条进行响应式处理，使其在手机端按图 2-3-8 的效果显示，且在单击图标时能够按下拉的方式显示隐藏的导航条。

● 图 2-3-8 手机端导航条

可参考如下代码：

```
<!-- 在 navbar-header 类的 <div> 标签中添加 -->
<button type="button" class="navbar-toggle collapsed" data-
toggle="collapse" data-target="#bs-example-navbar-collapse-1"
aria-expanded="false">
    <span class="icon-bar"></span>
    <span class="icon-bar"></span>
    <span class="icon-bar"></span>
</button>
```

```
<!-- 用此 div 包裹要隐藏的内容 -->
<div class="collapse navbar-collapse" id="bs-example-navbar-
collapse-1">
<!-- 隐藏的内容 -->
</div>
```

5. 滚动监听

滚动监听插件可以根据滚动条所处的位置来自动更新导航项。该插件依赖于 Bootstrap 的 scrollspy.js，该 JS 文件已经集成在了 bootstrap.js 中。

在完成 ID 属性来实现页面内链接的导航方式后，通过调用 data 属性，即可完成对 <body> 内相对定位元素的滚动监听。

为此，需要将 <body> 设置为相对定位，同时为该标签添加 data-spy="scroll" 和 data-target="#navbar-example" 两个属性（#navbar-example 可以根据具体情况修改，并与 ID 值对应）。

【课堂练习 2-3-4　在练习 2-3-3 的基础上，为导航条制作滚动监听效果】

测试内容部分可以只写标题，以添加高度的方式来占位。

（1）添加样式，将 <body> 设置为相对定位：

```
body{
    position:relative;
}
```

（2）为 <body> 标签添加两个 data 属性：

```
<body data-spy="scroll" data-target="#navbar-example">
```

（3）将 data-target="#navbar-example" 属性与滚动监听对象——导航条组件进行关联，即在 <nav> 中加入 id="navbar-example"，并将导航条固定在顶部（添加 .navbar-fixed-top，并为 body 添加 “padding-top:70px;” 样式属性）。

```
<nav id="navbar-example" class="navbar navbar-default
navbar-fixed-top">
```

（4）为菜单列表添加高亮显示样式 . nav–tabs，并设置列表的 href 属性。

```
<ul class="nav navbar-nav nav-tabs">
    <li class="active"><a href="#start">Start</a></li>
    <li><a href="#trucks">Our Trucks</a></li>
    <li><a href="#about">About us</a></li>
    <li><a href="#impressum">Impressum</a></li>
</ul>
```

（5）在 <nav> 标签后添加测试代码，为了效果明显，建议为测试代码添加边框和高度。

HTML 测试代码如下：

```
<div id="start">Start</div>
<div id="trucks">Our Trucks</div>
<div id="about">About us</div>
<div id="impressum">Impressum</div>
```

为测试代码添加 CSS 样式：

```
#start,#trucks,#about,#impressum{
    border:1px solid #000;
    height:500px;
}
```

至此，滚动监听制作完成。

由于导航条固定在顶部，监听内容与导航条项会有 70 px 的高度误差。为解决此误差，可以将 body 的“padding–top:70px;”样式属性添加到测试代码各 div 的 CSS 样式中。

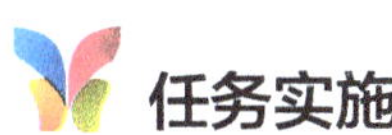

任务实施

在任务 2 中，已经对整个页面进行了布局，其中导航条的代码如下：

```
<!-- 导航 -->
    <nav class="container">
        <div class="row">
```

```
            <div class="col-lg-3 col-md-3 col-sm-4">logo</div>
            <div class="col-lg-9 col-md-9 col-sm-8">nav</div>
        </div>
    </nav>
```

很明显，这是利用 Bootstrap 的栅格系统进行的左右布局，通过前面知识的学习，可以知道利用 Bootstrap 的导航条来完成任务不需要进行左右布局。

这里使用 Bootstrap 的导航条来完成，以提高开发速度，代价是要牺牲部分设计功能，所以此任务完成的导航条与项目一完成的会有些许差别。

此处要做的导航条比较简单，并不是 Bootstrap 提供的参考样式。

1. 搭建导航条框架

由于任务中的导航条并没有圆角边框，所以要修改 navbar-default 样式。另外，导航条在 1 440 px 状态下并不是占满整行的，而是有一个最大的宽度，据此可以判断采用的是 container 容器，而不是 container-fluid 容器。

可参考如下代码来搭建导航条框架：

```
<header class="header navbar navbar-default">
    <nav class="container">
        <div class="navbar-header">logo 和图标 </div>
        <ul class="nav navbar-nav navbar-right">li</ul>
    </nav>
</header>
```

2. 为导航条添加 LOGO

在 navbar-henader 中加入图片即可。

```
<a class="navbar-brand mylogo" href="#">
    <img alt="D 清单 " src="img/logo.png" height="45px">
</a>
```

3. 制作导航条列表

列表信息根据内容输入即可，由于导航条是在右边的，所以需要加入 navbar-right 样式。

```
<ul class="nav navbar-nav navbar-right">
    <li class="active"><a href=""> 首页 </a></li>
    <li><a href=""> 功能介绍 </a></li>
    <li><a href=""> 下载应用 </a></li>
    <li><a href=""> 高级会员 </a></li>
```

```
    <li><a href="">帮助中心</a></li>
    <li><a href="">联系我们</a></li>
</ul>
```

4. 修改样式

（1）页面中需要去掉导航条的边框，可以通过修改 .navbar-default 来实现。新建一个 CSS 样式表，命名为 mystyle.css，保存到 css 文件夹，并与 index.html 页面建立关联，即在该页面的 <head> 中加入 <link> 引入样式文件：

```
<link href="css/mystyle.css" rel="stylesheet">
```

并在 mystyle.css 文件中添加如下样式：

```
.navbar-default{
    border:none;
}
```

（2）为了让 LOGO 图片与导航条有一定的留白，增加一个 .mylogo 样式：

```
/* 如果 LOGO 图片高度超过 25px，则需要根据图片大小重新设置 .navbar-brand 的内
补，超过 50px 还需要修改图片高度，避免不能垂直居中对齐 */
.mylogo{
    padding:0.625rem 20px;
}
```

（3）增加导航条的留白：

```
/* 扩大导航条的上下留白 */
/* 为了确保导航条在隐藏和显示时不会出现留白错位，此样式选择应用到导航条左右两个容
器而不是导航条容器中 */
.mynav{
    margin:1.25rem 0;
}
.mynav_bottommargin{
    margin-bottom:0;
    font-weight:600;
    background-color:#FFFFFF;
    box-shadow:0 1px 2px rgba(43,48,51,.08);   /* 导航条底部加阴影 */
}
```

将以上三个样式分别添加到 <img> 外围的 <a> 标签、<button> 外围的 <div> 标签、<nav> 标签。

5. 为导航条创建响应式按钮以适应手机端

参考知识与技能准备第 4 部分的内容完成。

6. 为导航条增加滚动监听

参考知识与技能准备第 5 部分的内容完成。

全部导航条完成后的参考代码如下：

```
<body data-spy="scroll" data-target="#navbar-example">
   <!-- 导航 -->
   <nav id="navbar-example" class="navbar navbar-default navbar-
fixed-top mynav_bottommargin">
      <div class="container-fluid container">
         <!--LOGO 和移动端按钮 -->
         <div class="navbar-header mynav">
            <button type="button" class="navbar-toggle collapsed"
data-toggle="collapse" data-target="#bs-example-navbar-collapse-1"
            aria-expanded="false">
               <span class="sr-only">导航 </span>
               <span class="icon-bar"></span>
               <span class="icon-bar"></span>
               <span class="icon-bar"></span>
            </button>
            <a class="navbar-brand mylogo" href="#">
               <img alt="D 清单 " src="img/logo.png" height="45px">
            </a>
         </div>
         <!-- 导航条内容，在移动端会隐藏，并通过 id 实现与 button 的关联 -->
         <div class="collapse navbar-collapse" id="bs-example-
navbar-collapse-1">
            <ul class="nav navbar-nav navbar-right mynav">
               <li class="active"><a href="#home"> 首页 </a></li>
               <li><a href="#about"> 功能介绍 </a></li>
               <li><a href="#apply"> 下载应用 </a></li>
               <li><a href="#member"> 高级会员 </a></li>
               <li><a href="#help"> 帮助中心 </a></li>
               <li><a href="#contact"> 联系我们 </a></li>
            </ul>
         </div>
      </div>
   </nav>
```

任务拓展

扫描右侧二维码，了解下拉菜单的制作方法，以及将导航条固定在顶部和底部的方法。

任务 4 使用 Bootstrap 组件和 JS 插件制作网页内容

任务目标

1. 能够利用 Bootstrap 的缩略图、巨幕、表单、表格等相关组件完成网页页面元素的制作。

2. 能够测试 D 清单页面响应式效果，完善页面细节。

任务描述

本次任务是在完成导航条制作的基础上，继续完成网页内容。

任务分析

在学习以下知识技能的基础上，完成网页各个栏目内容的制作：

1. Bootstrap 的缩略图、巨幕、表单、表格等相关组件；

2. Bootstrap 的轮播和模态框（弹出框）等相关 JavaScript 插件。

知识与技能准备

1. 缩略图组件

Bootstrap 的缩略图是 Bootstrap 栅格系统的一个图片应用场景，仅需要少量的标签就能展示带链接的图片。

（1）图片

Bootstrap 缩略图默认样式如图 2-4-1 所示。

171x180 171x180 171x180 171x180

● 图 2-4-1 默认缩略图

要实现图 2-4-1 的效果，可以参考如下代码：

```
<div class="row">
    <div class="col-xs-6 col-md-3">
        <a href="#" class="thumbnail">
            <img src="..." alt="...">
        </a>
    </div>
    <!-- 此处重复 4 个 col-xs-6 col-md-3 类的 div-->
</div>
```

因为应用了 Bootstrap 的栅格系统，缩略图是支持响应式的，能够在平板端只显示 2 栏图片，在手机端显示 1 栏图片，在计算机及其他宽屏端显示 4 栏图片。

Bootstrap 对 thumbnail 类定义了如下样式：

```
.thumbnail{
    display:block;
    padding:4px;
    margin-bottom:20px;
    line-height:1.42857143;
    background-color:#fff;
    border:1px solid #ddd;
    border-radius:4px;
    -webkit-transition:border .2s ease-in-out;
        -o-transition:border .2s ease-in-out;
           transition:border .2s ease-in-out;
}
.thumbnail>img,
.thumbnail a>img{
    display:block;
    max-width:100%;
    height:auto;
    margin-right:auto;
    margin-left:auto;
}
```

该样式代码设置了图片的边框和对齐方式等格式，并设置了响应式图片。

（2）自定义缩略图

通过组合图片、标题、段落和按钮，可以实现比较常见的缩略图布局形式，如图 2-4-2 所示。

● 图 2-4-2 自定义缩略图

可参考如下代码实现：

```
<div class="row">
   <div class="col-sm-6 col-md-4">
      <div class="thumbnail">
         <img src="..." alt="...">
         <div class="caption">
            <h3>Thumbnail label</h3>
            <p>...</p>
            <p>
               <a href="#" class="btn btn-primary"
role="button">Button</a>
               <a href="#" class="btn btn-default"
role="button">Button</a>
            </p>
         </div>
      </div>
   </div>
<!--此处重复 2 个 col-sm-6 col-md-4 类的 div-->
</div>
```

【课堂练习 2-4-1　使用 Bootstrap 缩略图，完成某卡车网站缩略图的效果图制作】

效果图如图 2-4-3 所示。

GREAT EFFICIENCY　　TRAILER CONCEPTS　　HISTORY

● 图 2-4-3　课堂练习 2-4-1 效果图

该效果图可以利用 Bootstrap 的自定义缩略图来实现。

需要注意的是，row 类要与布局容器 .container 或 .container-fluid 结合使用才可以避免不对称边界的产生，另外，为了缩略图图片的排版美观和适应响应式图片宽度的变化，图片应该是等高和等宽的。

参考代码如下：

```
<div class="container-fluid">
    <div class="row">
        <div class="col-sm-6 col-md-4">
            <div class="thumbnail">
                <img src="img/1.jpg" alt="GREAT">
                <div class="caption">
                    <h3>GREAT EFFICIENCY</h3>
                    <p>Excellent benefit ……①</p>
                </div>
            </div>
        </div>
        <div class="col-sm-6 col-md-4">
            <div class="thumbnail">
                <img src="img/2.jpg" alt="TRAILER">
                <div class="caption">
                    <h3>TRAILER CONCEPTS</h3>
                    <p>Olimpia semitrailer ……②</p>
                </div>
            </div>
        </div>
        <div class="col-sm-6 col-md-4">
            <div class="thumbnail">
                <img src="img/3.jpg" alt="HISTORY">
```

①② 具体文字内容省略。

```
                <div class="caption">
                    <h3>HISTORY</h3>
                    <p>The history ……①</p>
                </div>
            </div>
        </div>
    </div>
</div>
```

2. 巨幕组件

Bootstrap 的巨幕是一个轻量的灵活组件，可以利用这个组件实现以布满整个浏览器横向视口的方式来展现重要内容。巨幕效果如图 2-4-4 所示。

Hello, world!

This is a simple hero unit, a simple jumbotron-style component for calling extra attention to featured content or information.

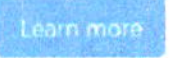

● 图 2-4-4　巨幕效果

参考代码如下：

```
<div class="jumbotron">
    <h1>Hello,world!</h1>
    <p>……②</p>
    <p><a class="btn btn-primary btn-lg" href="#" role="button">
Learn more</a></p>
</div>
```

如果不需要圆角，宽度与浏览器宽度一致，则可以把此组件放在所有 .container 元素的外面，并在组件内部添加一个 .container 元素。

```
<div class="jumbotron">
    <div class="container">
        <h1>Hello,world!</h1>
        <p>……③</p>
        <p><a class="btn btn-primary btn-lg" href="#" role="button">
```

①②③ 具体文字内容省略。

```
Learn more</a></p>
    </div>
</div>
```

【课堂练习 2-4-2　使用 Bootstrap 巨幕组件，完成某卡车网站巨幕效果图的制作】

使用 Bootstrap 巨幕组件完成的效果图如图 2-4-5 所示。

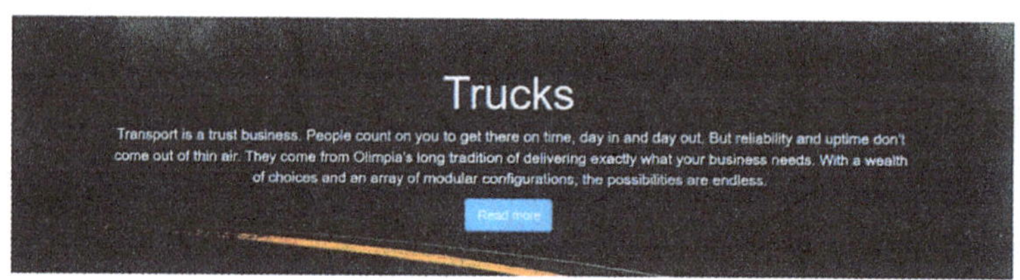

● 图 2-4-5　课堂练习 2-4-2 巨幕效果图

该效果图与 Bootstrap 默认巨幕组件的区别在于添加了背景图片，文本是居中的，文字的颜色也有变化，所以我们只需要使用不需要圆角的巨幕组件，并对样式稍作修改即可。

HTML 部分参考代码如下：

```
<div class="jumbotron bgw">
    <div class="container">
        <h1>Trucks</h1>
        <p>Transport is ……①</p>
        <p><a class="btn btn-primary btn-lg" href="#" role="button">
Read more</a></p>
    </div>
</div>
```

CSS 参考代码如下：

```
.bgw{
    background-image:url(.../img/bg.jpg);
    color:#eee;
    text-align:center;
}
```

3. 表格

Bootstrap 的表格内容属于全局 CSS 样式，Bootstrap 表格基础样式只是为表格增加了少量的内补白（padding）和水平方向的分割线，效果如图 2-4-6 所示。

① 具体文字内容省略。

#	First Name	Last Name	Username
1	Mark	Otto	@mdo
2	Jacob	Thornton	@fat
3	Larry	the Bird	@twitter

● 图 2-4-6　表格效果图

要实现上述效果，只需要在 <table> 标签中添加 .table 类：

```
<table class="table">
    ……
<table>
```

在 .table 类的基础上，添加 .table-bordered 类可为表格和其中的每个单元格增加边框；添加 .table-striped 类可以给 <tbody> 之内的每一行增加斑马条纹样式；添加 .table-hover 类可以让 <tbody> 中的每一行对鼠标悬停状态作出响应；添加 .table-condensed 类可以让表格更加紧凑，单元格中的内补白均会减半。

Bootstrap 还定义了一些状态类来设置行或单元格的颜色，也设置了响应式表格类 .table-responsive，可查阅相关资料进一步了解。

4. 表单

Bootstrap 对所有的表单控件都编写了全局样式。所有设置了 .form-control 类的 <input><textarea> 和 <select> 元素都将被默认设置宽度属性为 width:100%；将 label 元素和前面提到的控件包裹在 .form-group 中可以获得较好的排列。效果如图 2-4-7 所示。

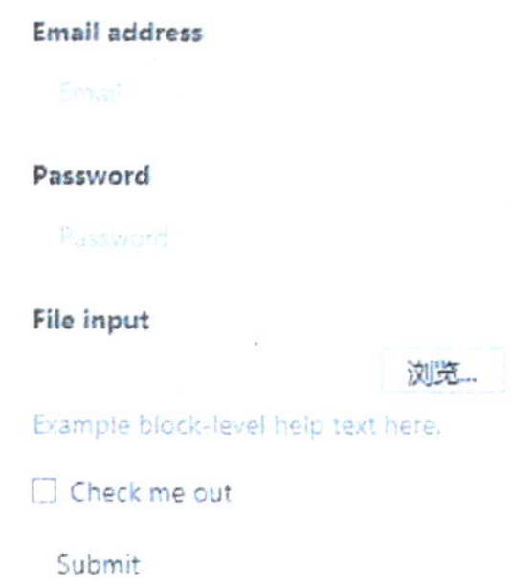

● 图 2-4-7　表单效果图

参考代码如下：

```
<form>
    <div class="form-group">
        <label for="exampleInputEmail1">Email address</label>
```

```
        <input type="email" class="form-control"
id="exampleInputEmail1" placeholder="Email">
    </div>
    ……
    <button type="submit" class="btn btn-default">Submit</button>
</form>
```

Bootstrap 还设置了水平排列的表单，通过为 <form> 添加 .form-horizontal 类，并结合 Bootstrap 栅格系统，就可以实现 label 与表单控件水平排列的布局。添加了 .form-horizontal 后会对 .form-group 类进行修改，使其拥有 .row 类的格式，在使用时就可以实现独立行显示即 .row 的效果。效果如图 2-4-8 所示。

图 2-4-8　水平排列表单效果图

参考代码如下：

```
<form class="form-horizontal">
    <div class="form-group">
        <label for="inputEmail3" class="col-sm-2 control-
label">Email</label>
        <div class="col-sm-10">
            <input type="email" class="form-control" id="inputEmail3"
placeholder="Email">
        </div>
    </div>
    ……
    <div class="form-group">
        <div class="col-sm-offset-2 col-sm-10">
            <button type="submit" class="btn btn-default">Sign
in</button>
        </div>
    </div>
</form>
```

5. 使用 Font Awesome 字体图标

除了 Bootstrap 中已有的 250 多个 Glyphicons 字体图标，在网页设计制作中，还可以通过其他途径获取更多的字体图标应用到网页中。Font Awesome 就是一个较为常用的免费开源的字体图标库，共提供了 675 个图标。Font Awesome 最初为 Bootstrap 而设计，现已适用于所有框架，兼容性良好。

Font Awesome 可以采用 CDN 加速的方式进行部署而不需要下载，也可以下载后复制 font-awesome 目录到自己的项目中，分别将字体文件放在根目录，css 文件放在在 css 文件夹，然后在 <head> 处加载 font-awesome.min.css，参考代码如下：

```
<link rel="stylesheet" href="css/font-awesome.min.css">
```

通过 <link> 引入到网页后就可以使用了。

例如，本任务中使用了品牌图片的方式来制作导航条的 LOGO，实际上也可以利用 font-awesome 来制作：

```
<a class="navbar-brand" href="#">
<i class="fa fa-camera-retro fa-4x"></i>D 清单
</a>
```

任务实施

在任务 2 中，已经对整个页面进行了布局，在任务 3 中，已经完成了导航条的制作，接下来将完成剩下的内容。

通过观察页面效果图，可以做如下分析：

（1）“首页”模块可以使用巨幕组件完成。

（2）“高级会员”模块是左右布局，用到了表格。

（3）“下载应用”中，如果把图标看作图片，则都应用了 Bootstrap 的缩略图组件。

（4）在“联系我们”模块用到了表单组件。

另外，还可以给导航条加入滚动监听效果，方便用户浏览。

通过对比 Glyphicons 字体图标、Font Awesome 字体图标和页面效果图，为了达到比较好的效果，这里引入 Font Awesome 字体图标来完成本次任务。

1. “首页”模块

“首页”模块的效果图如图 2-4-9 所示。

达成更多，用心生活。

与全球千万用户一起，在D清单中记录和gongneng规划大小事务。
用更少的时间达成目标，从冗杂的待办事项中解脱出来。

100%免费-下载应用

● 图 2-4-9 “首页”模块的效果图

“首页”模块的内容可以使用 Bootstrap 提供的巨幕组件来完成。参考代码如下：

```
<article id="home" class="jumbotron text-center home">
    <h1>达成更多，用心生活。</h1>
    <p>与全球千万用户一起，在 D 清单中记录和规划大小事务。<br>用更少的时间达成目标，从冗杂的待办事项中解脱出来。</p>
    <p><a class="btn btn-primary btn-lg" href="#" role="button">100%免费 - 下载应用</a></p>
</article>
```

为了让文本居中，这里增加了 Bootstrap 自带的“text-center”样式，这个样式在后面的几个内容模块也会用到。

为了与设计稿一致，还要对其中一些样式做如下修改，为了管理方便，所有的自定义样式都在任务 3 创建的 mystyle.css 页面中添加。

```
/* 首页 */
.home h1{
    color:#1B75BC;
}
.home p{
    padding:0.625rem 0;
}
.home p a{
    font-weight:600;
}
```

2. “功能介绍”模块

“功能介绍”模块效果图如图 2-4-10 所示。

“功能介绍”模块的布局已经在前面的任务中完成了，这里涉及 3 个内容：

（1）标题部分，涉及下划线，可以使用 Bootstrap 提供的页头组件来完成，主要样式是“page-header”。页头组件能够为 <h1> 标签增加适当的空间，并且与页面的其他部分形成一定的分隔。它支持 <h1> 标签内嵌 small 元素的默认效果，还支持大部分其他组件（需要增加一些额外的样式）。

● 图 2-4-10　“功能介绍”模块效果图

（2）图片部分，虽然 Bootstrap 已经为图片进行了响应式设计，但是针对左右结构的图片情况，还是需要设置图片宽度为 100%。

（3）图标字体和文本部分，图标字体可以使用 Bootstrap 提供的图标字体组件。另外为了与设计稿一致，可以重新设计标题文本样式。

HTML 部分参考代码如下：

```
<!-- 功能介绍 -->
<article id="about" class="container about">
    <!-- 页头组件 -->
    <div class="row page-header text-center">
        <h1> 使用 D 清单  规划好每一天 </h1>
        <p> 从记录到管理，D 清单能帮你把一切打理得井井有条，你可以充分享受高效生活的乐趣。</p>
    </div>
    <div class="row">
        <div class="col-md-5 col-sm-5">
            <img src="img/gn1.png" alt=" 功能界面 ">
        </div>
        <div class="col-md-7 col-sm-7">
            <h3><span class="glyphicon glyphicon-folder-open" aria-hidden="true"></span> 文件夹，清单，任务和子任务 </h3>
            <p> 当你记录的事情越来越多，那么合理的组织就尤为重要了。D 清单提供了四个层级，你可以根据任务的分类进行整理，将它们移动到“工作”“个人”或“家庭”里去。</p>
```

```
                ......①
            </div>
        </div>
    </article>
```

CSS 样式部分参考代码如下：

```
/* 修改全局样式 */
h1,h2,h3,h4,h5{
    font-family:" 微软雅黑 "," 黑体 ";
    font-weight:600;
}
img{
    width:100%;
}
/* 功能 */
.about span{
    color:#1B75BC;
}
.about,.apply,.member,.help{
    padding-bottom:5rem;
}
```

3. “下载应用”模块

“下载应用”模块效果图如图 2-4-11 所示。

● 图 2-4-11 “下载应用”模块效果图

“下载应用”模块包括“页头”组件和“缩略图”组件上下两部分。

缩略图组件部分使用到了 Font Awesome 字体图标。

① 以下内容省略，参照效果图完成。

HTML 部分参考代码如下：

```
<!-- 下载应用 -->
<article id="apply" class="apply text-center">
    <div class="container">
        <div class="row page-header text-center">
            <h1> 下载应用 </h1>
            <p> 在所有平台上使用 D 清单管理一切 </p>
        </div>
        <div class="row">
            <div class="col-md-4 col-sm-4">
                <h3> 网页 </h3>
                <p> 在所有浏览器中访问你的任务 </p>
                <p><i class="fa fa-html5"></i></p>
                <p><a href="#" class="btn btn-primary" role="button">
在网页中登录 </a></p>
            </div>
            ......①
        </div>
    </div>
</article>
```

CSS 样式主要是在 Bootstrap 的基础上增加背景和修改文字颜色，以及图标字体的相关属性。参考代码如下：

```
/* 下载 */
.apply{
    background-color:#1B75BC;
    color:#FFFFFF;
}
.apply i{
    font-size:20rem;
    color:#F9F9F9;
}
```

4. “高级会员”模块

“高级会员”模块效果图如图 2-4-12 所示。

“高级会员”模块包括“页头”组件和“表格”组件。

HTML 部分参考代码如下：

---

① 以下内容省略，参照效果图完成。

● 图 2-4-12 “高级会员”模块效果图

```
<!-- 高级会员 -->
<article id="member" class="member">
    <div class="container">
        <div class="row page-header text-center">
            <h1> 高级会员 </h1>
            <h4> 在所有平台上享有多项高级功能、10 倍清单和任务数量，助您实现更多
目标和可能。</h4>
            <a href="#" class="btn btn-primary" role="button"> 现在就升
级 </a>
            <p> 一年高级会员只需￥139（每月仅￥11.6）</p>
        </div>
        <div class="row">
            <table class="table">
                <caption> 可以在手机端使用 </caption>
                <thead>
                    <tr>
                        <th>#</th>
                        <th> 特权 </th>
                        <th> 普通用户 </th>
                        <th> 高级会员 </th>
                    </tr>
                </thead>
                <tbody>
                    <tr>
                        <th scope="row">1</th>
                        <td> 文件夹，清单，任务和子任务 </td>
```

```
                        <td> √ </td>
                        <td> √ </td>
                    </tr>
                    ……①
                </tbody>
            </table>
        </div>
    </div>
</article>
```

CSS 样式主要是在 Bootstrap 的基础上增加背景和修改文字颜色。参考代码如下：

```
/* 会员 */
.member{
    background:url(../img/bj.jpg)center center no-repeat fixed
#3C3C3C;
    color:#ffffff;
}
```

5.“帮助中心”模块

“帮助中心”模块效果图如图 2-4-13 所示。

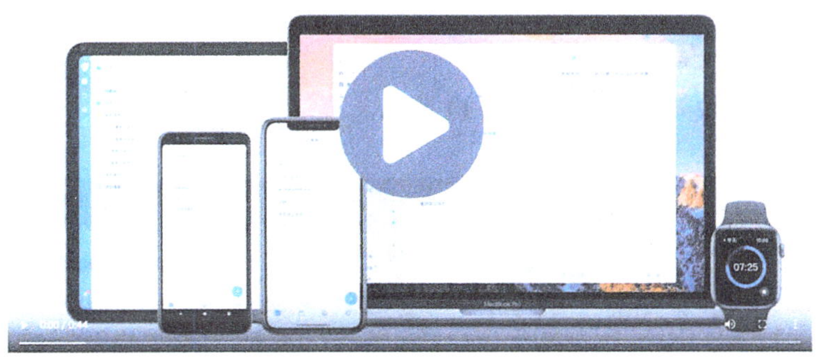

图 2-4-13　“帮助中心”模块效果图

“帮助中心”模块包括“页头”组件、无图片的“缩略图”组件和视频。

① 以下内容省略，参照效果图完成。

HTML 部分参考代码如下：

```
<!-- 帮助中心 -->
<article id="help" class="help">
    <div class="container">
        <div class="row page-header text-center">
            <h1> 帮助中心 </h1>
            <p> 在所有平台上使用 D 清单管理一切 </p>
        </div>
        <div class="row">
            <div class="col-md-4 col-sm-4">
                <h3> 入门指南 </h3>
                <p> 一分钟视频教程，快速上手 D 清单 </p>
            </div>
            ......①
        </div>
        <div class="row text-center">
            <video class="video" src="video/video.mp4"
controls="controls"></video>
        </div>
    </div>
</article>
```

CSS 样式主要是在 Bootstrap 的基础上为视频添加响应式设计。参考代码如下：

```
/* 帮助 */
.video{
    width:100%;
}
```

6. “联系我们”模块

“联系我们”模块效果图如图 2-4-14 所示。

图 2-4-14 “联系我们”模块效果图

① 以下内容省略，参照效果图完成。

"联系我们"模块使用了 Bootstrap 的表单样式。

HTML 部分参考代码如下：

```
<!-- 联系我们 -->
<article id="contact" class="contact">
    <div class="container">
        <div class="row">
            <div class="col-md-8 col-sm-8">
                <h3> 联系我们 </h3>
                <address>
                    <strong><i class="fa fa-weixin"></i>
xieguanhuai2013</strong><br>
                    1355 Market Street,Suite 900<br>
                    guangzhou,510450<br>
                    <abbr title="Phone">P:</abbr>(123)456-7890
                </address>
                <address>
                    <strong>guanhuai.xie</strong><br>
                    <a href="mailto:#">xieguanhuai@qq.com</a>
                </address>
            </div>
            <div class="col-md-4 col-sm-4">
                <h4> 给我留言 </h4>
                <form class="form-horizontal">
                    <div class="form-group">
                        <input type="email" class="form-control"
id="inputEmail3" placeholder="Email">
                    </div>
                    <div class="form-group">
                        <textarea class="form-control" rows="3"
placeholder=" 留言内容 "></textarea>
                    </div>
                    <div class="form-group">
                        <button type="submit" class="btn btn-default">
提交 </button>
                    </div>
                </form>
            </div>
        </div>
    </div>
</article>
```

CSS 样式主要是在 Bootstrap 的基础上增加背景和修改文字颜色。参考代码如下：

```
/* 联系我们 */
.contact{
    background-color:#222222;
    color:#F9F9F9;
    padding:2.1875rem 0;
}
```

7. 版权部分

版权部分效果图如图 2-14-15 所示。

© 2020 广州D笔记网络技术有限公司 粤ICP备12341234号 粤公网安备 33010602000000号

● 图 2-4-15　版权部分效果图

版权部分仅仅是一个独立的文本行，这里不再展开说明具体操作步骤。

8. 页面测试

页面全部完成后，可以在 Chrome 等浏览器中进行测试，查看是否存在兼容性、响应式等问题。

以 Chrome 浏览器为例，按 F12 键或 Ctrl+Shift+I 组合键打开“检查”面板，选择对应的设备即可查看响应式情况，如图 2-4-16 所示。

● 图 2-4-16　响应式测试页面

任务拓展

本项目使用 Bootsrap 完成了实训任务中网页的制作，在实际应用中，Bootsrap 已广泛应用于各类企业的网站开发。除了可以通过浏览这些网站学习 Bootstrap 的使用，互联网上还有一些专门的网站，收集了大量漂亮的、有创意的基于 Bootstrap 构建的网站，为广大学习和开发者提供了大量优秀的参考样板，可登录相关网站进一步学习。